PEIDIAN XIANLU DAIDIAN ZUOYE JISHU WENDA

配电线路带电作业
技术问答

方向晖 编

U0232264

中国电力出版社
CHINA ELECTRIC POWER PRESS

图书在版编目（CIP）数据

配电线路带电作业技术问答/方向晖编. —北京：中国
电力出版社，2010.4（2020.5 重印）
ISBN 978-7-5123-0061-3

Ⅰ.①配… Ⅱ.①方… Ⅲ.①配电线路–带电作业–
问答 Ⅳ.①TM726–44

中国版本图书馆 CIP 数据核字（2010）第 015740 号

中国电力出版社出版、发行

（北京三里河路 6 号　100044　http://www.cepp.com.cn）
北京雁林吉兆印刷有限公司印刷
各地新华书店经售

*

2010 年 4 月第一版　　2020 年 5 月北京第四次印刷
880 毫米×1230 毫米　64 开本　5.25 印张　145 千字
印数 7001 — 8000 册　　定价 **15.00** 元

内 容 提 要

　　本书以问答的形式对配电线路带电作业中所涉及的基本知识、操作技能和应遵守的各类规程规范进行系统的介绍。本书分配电线路带电作业的相关知识和专业知识两部分，并按基础知识、配电线路知识、配电设备知识、事故检修管理与法规知识、带电作业基本原理与作业方法、绝缘材料及带电作业工器具、带电作业安全距离、带电作业安全防护用具、带电作业用绝缘斗臂车、配电线路带电作业要求、带电作业班组管理等章节编写。

　　本书通俗易懂、专业知识深入浅出，疑难问题分析清楚，易于理解，装帧新颖，便于携带和现场查阅，是一本配电线路带电作业人员自学与岗位培训的理想用书。

配电线路带电作业技术问答

　　带电作业技术在我国的发展已有五十多年的历史。从 20 世纪 50 年代初开始，广大带电作业人员自力更生、锐意创新，通过不断的探索和研究，走出了一条具有中国特色的带电作业发展之路。开展带电作业对提高供电可靠性、降低电能损耗、改善电网运行方式等方面有重要意义。

　　近二十年来，随着科学技术的进步，配电线路带电作业在我国得到了广泛发展，并形成了一支具有一定规模的带电作业队伍。为提高配电线路带电作业人员的技术水平和管理水平，适应岗位培训和自学成才的需要，编写了本书。

　　本书以密切联系配电线路带电作业工作实际为原则，采用问答的形式并配以必要的图表，内容以配电线路带电作业操作技能为主，以基础知识、管理知识为重点，强调了配电线路带电作业工作的规范性、安全性和通用性，是一本适用性、针对性较强的岗位培训学习用书。希望本书对配电线路带电作业工作有一定的指导作用。本书由浙江电力职业技术学院、浙江省电力公司培训中心方向晖编写。

由于编者水平有限，加上配电线路带电作业是近几年新兴起来的一门学科，且带电作业本身也是一门正在发展中的边缘学科，书中难免有不妥甚至错误之处，欢迎广大配电线路带电作业专家在使用中多提宝贵意见。

编　者
2010 年 1 月

目 录 配电线路带电作业技术问答

前言

第一篇 配电线路带电作业相关知识

第一篇

配电线路带电作业相关知识

第一章 基础知识

第一节 电工基础知识

1-1 什么是电路？电路一般由哪些部分组成？

答：电路就是能使电流流通的闭合回路，电路一般由电源、负载、导线和开关四部分组成。

1-2 什么是电阻？什么是电阻率？

答：导体对电流的阻力称为电阻，通常用字母 R 表示，单位为欧姆（Ω）。

电阻率是指长度为 1m、截面积为 $1mm^2$ 的导体所具有的电阻值，电阻率常用字母 ρ 表示，单位为 $\Omega/(m \cdot mm^2)$。

1-3　试述电流强度、电压、电动势、电位的含义。

答：（1）电流强度是指单位时间内通过导线横截面的电量。

（2）电压是指电场力将单位正电荷从一点移到另一点所做的功。

（3）电动势是指电源力将单位正电荷从电源负极移动到正极所做的功。

（4）电位是指电场力将单位正电荷从某点移到参考点所做的功。

1-4　什么是欧姆定律？

答：欧姆定律是反映电路中电压、电流、电阻三者关系的定律，即在闭合的电流回路中，回路的等效阻抗与等效电流的乘积等于回路电压。

在只有一个电源的分支闭合电路中，电流的大小与电源的电动势 E 成正比，而与内、外电路电阻之和成反比。

1-5　串联电阻电路的电流、电压、电阻、功率各量的总值与各串联电阻上对应的各量之间有

何关系？串联电阻在电路中有何作用？

答：（1）关系：

1）串联电路的总电流等于流经各串联电阻上的电流。

2）串联电路的总电阻等于各串联电阻的阻值之和。

3）串联电路的端电压等于各串联电阻上的压降之和。

4）串联电路的总功率等于各串联电阻所消耗的功率之和。

（2）作用：串联电阻在电路中具有分压作用。

1-6 并联电阻电路的电流、电压、电阻、功率各量的总值与各串联电阻上对应的各量之间有何关系？并联电阻在电路中有何作用？

答：（1）关系：

1）并联电阻电路的总电流等于流经各并联电阻上的电流之和。

2）并联电阻电路总电阻的倒数等于各并联电阻阻值的倒数之和。

3）并联电阻电路的端电压等于各并联电阻上

的电压。

4）并联电阻电路的总功率等于各并联电阻所消耗的功率之和。

（2）作用：并联电阻在电路中具有分流作用。

1-7　交流电与直流电相比有哪些主要优点？

答：（1）交流电可以应用变压器将电压升高或降低，以保证安全运行，并能降低对设备的绝缘水平的要求，减少用电设备的造价。

（2）交流电动机的结构和工艺比直流电动机简单得多，造价比较便宜。

1-8　正弦交流电的三要素是什么？

答：正弦交流电的三要素是幅值、角频率和初相位。

1-9　什么是相电流？什么是线电流？它们之间的大小关系是什么？

答：相电流是指流经一相负载的电流，线电流是指流经线路的电流。

在星形联结的绕组中，相电流 I_{ph} 和线电流 I_1

是同一电流，它们之间是相等的，即 $I_l=I_{ph}$；在三角形联结的绕组中，线电流是相电流的 $\sqrt{3}$ 倍，即 $I_l=\sqrt{3}I_{ph}$。

1-10　什么是电路的谐振？

　答：对于任何含有电感和电容的电路，在一定频率下可以呈现电阻性，即整个电路的总电压和总电流同相位，这种现象称为谐振。

1-11　什么是导体集肤效应？

　答：在交流电路内，交流电流流过导体时，导体中心和导体靠近表面的电流密度是不相等的。在导体中心处，电流密度较小，而靠近导体表面电流密度增大。如果流过的是高频电流，这种现象就更为显著，靠近导体中心电流密度几乎接近于零，只有靠近导体表面的部分有电流流过。这种现象称为"集肤效应"。电流的集肤效应使得通过交流电时导体的有效截面减少，通过交流电时的电阻要比通过直流电时大，降低了交流电路内导体的利用率。

1-12　什么是电磁感应？

答：当导线周围的磁场发生变化时，将在导线中产生感应电动势，这种现象称为电磁感应。

1-13　为什么电压及电流互感器的二次侧必须接地？

答：电压及电流互感器的二次侧接地属于保护接地。因为一、二次侧绝缘如果损坏，高电压串到二次侧，对人身和设备都会造成危害，所以二次侧必须接地。

1-14　为什么电流互感器的二次绕组不允许开路？

答：当电流互感器的二次绕组开路时，阻抗无穷大，二次侧绕组电流等于 0，此时一次侧电流完全成为励磁电流，这样在二次侧绕组中产生很高的电动势，可达几千伏，威胁人身安全或造成仪表、保护装置、互感器二次绝缘损坏。另一方面，一次绕组磁化力使铁芯磁通密度过度增大，可能造成铁芯因强烈过热而损坏。

1-15　什么是零点、零线、中性点、中性线？

答：（1）零点即零电位点，故障接地的中性点又称为零点。

（2）由零电位点引出的导线称为零线。

（3）在三相星形联结的绕组中，三个绕组末端连在一起的公共点称为中性点。

（4）由中性点引出的导线称为中性线。

1-16　什么是工作接地、保护接地、重复接地？

答：（1）为了保证电气设备在正常和事故情况下能安全可靠地运行，电力系统中的某一点接地，称为工作接地。如配电变压器低压侧中性点接地。

（2）与电气设备带电部分相绝缘的金属结构和外壳同接地极间做电气连接称为保护接地。如配电变压器外壳接地。

（3）将中性线一点或多点与大地再次作金属性连接，称为重复接地。

三种接地的示意图如图 1-1 所示。

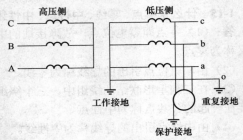

图 1-1　三种接地示意图

1-17　电力系统中性点的接地方式有几种?

答: 目前电力系统中性点的接地方式分为以下两种:中性点不接地系统和中性点有效接地系统。中性点有效接地系统包含中性点经特定电路接地系统、中性点直接接地系统、中性点经阻抗接地系统。

1-18　中性点不接地系统发生单相接地时,其他非故障两相电压如何变化?

答: 其他非故障两相的对地电压升高为相电压的 $\sqrt{3}$ 倍,即由相电压升高为线电压。

1-19 380V 低压电网中三相电流不平衡有什么危害?

答: 由于电网中三相不平衡电流的产生,导致中性线产生不平衡电流,中性点电位漂移,导致三相电压与额定电压有一定的偏差,当偏差达到一定程度时,重负荷相的电压降低、负载电流增大,影响负载的使用寿命和出力,甚至不能正常工作。轻负荷相的电压升高,对电器的绝缘有损害,易烧坏电机。且 380V 所接大部分为居民用电,由于三相不平衡电流的产生,会对家用电器产生较大危害。

另外,三相电流不平衡会造成线损急剧增加。

1-20 380V 系统三相五线制中的五根线,其名称和作用是什么?

答: 三根相线:俗称火线,分别为交流电路的 A、B、C 三相。

中性线(N 线):由中性点引出的导线称为中性线。在三相星形联结的绕组中,三个绕组末端连在一起的公共点称为中性点。

保护接地线(PE 线):由中性点引出,供重复接地用的导线称为保护接地线。其目的是为了保护接地用，将系统的中性点接地引到用户侧，使用户与系统能真正成为一个系统。

1-21 试述三相四线制电源中的中性线的作用。

答：三相四线制电源对于三相对称负载可以接成三相三线制不需要中性线，可是在三相不对称负载中，便不能接成三相三线制，而必须接成三相四线制，且应使中性线阻抗等于或接近于零。这是因为当中性线存在时，负载的相电压总是等于电源的相电压，这里中性线起着迫使负载相电压对称和不变的作用。因此，当中性线的阻抗等于零时，即使负载不对称，但各相的负载电压仍然是对称的，各相负载的工作彼此独立，互不影响，即使某一相负载出了故障，另外的非故障相的负载照常可以正常工作。只是与对称负载不同的是各相电流不再对称，中性线内有电流存在，所以中性线不能去掉。当中性线因故障断开了，这时虽然线电压仍然对称，但由于没有中性线，负载的相电压不对称了，负载的相电压与线电压有效值之间也不存在 $\sqrt{3}$ 倍的关系，造成负载轻的相电压升高，负载重的相电压降低，可能使有的负载因电压偏高而损坏，有的负载因电压偏低而不能正常工作。因此，在三相四线制线路的干线上，中性线任何时候都不能断开，不能在中性线上安装断路器，更不允许装设熔断器。

1-22　什么是三相交流电源？它和单相交流电源比较有何优点？

答：三相交流电源，是由三个频率相同、振幅相等、相位依次互差 120°的交流电势组成的电源。

三相交流电较单相交流电有很多优点，它在发电、输配电以及电能转换为机械能方面都有明显的优越性。例如：制造三相发电机、变压器都较制造单相发电机、变压器省材料，而且构造简单、性能优良。又如，用同样材料所制造的三相电机，其容量比单相电机大 50%，在输送同样功率的情况下，三相输电线较单相输电线，可节省有色金属 25%，而且电能损耗较单相输电时少。由于三相交流电具有上述优点，所以获得了广泛应用。

1-23　论述电力系统、配电网络的组成及配

电网络在电力系统中的作用。

答：电能是人民生产、生活等方面的主要能源。为了提高供电的可靠性和经济性，改善电能的质量，发电、供电和用电通常由发电厂、输配电线路、变电设备、配电设备和用户等组成有联系地总体，这个总体称为电力系统。发电厂的电能除小部分供厂用电和附近用户外，大部分要经过升压变电站将电压升高，由高压输电线路送至距离较远的用户中心，然后经降压变电站降压，由配电网络分配给用户。由此可见，配电网络是电力系统的一个重要组成部分，它是由配电线路和配电变电站组成，其作用是将电能分配到工、矿企业，城市和农村的用电器具中去。电压为 10kV 的高压大功率用户可从高压配电网络直接取得电能；380/220V 的用户，需再经变压器将 10kV 再次降压后由低压配电网络供电。

1-24　电源质量对电气安全的影响主要有哪些？

答：（1）供电中断引起设备损坏或人身伤亡；

（2）过分的电压偏移对电气设备的损害；

（3）波形畸变、三相电压不平衡等对电气设备的损害。

1-25 验电"三步骤"指的是什么？

答：（1）验电前将验电器在有电的设备上验明其完好；

（2）再在被验电的电力线路上逐相验电；

（3）最后再将验电器在有电的设备上检查一遍。

1-26 设备验电时，哪些情况不能作为设备已停电的依据？

答：（1）设备的分、合闸指示牌的指示；

（2）母线电压表指示为零位；

（3）电源指示灯已熄灭；

（4）电动机不转动；

（5）电磁线圈无电磁声响；

（6）变压器无声响。

1-27 在电力系统中提高功率因数有哪些作用？

答：（1）减少线路电压损失和电能损失；

（2）提高设备的利用率；

（3）提高电能的质量。

1-28　配电线路重复接地的目的是什么？

答：（1）当电气设备发生接地时，可降低中性线的对地电压；

（2）当中性线断线时，可继续保持接地状态，减轻触电的危害。

1-29　哪些电气设备的金属部分应采取保护接地或接零？

答：（1）电动机、变压器、各种断路器、照明器具、移动或携带式用电器具的底座和外壳。

（2）电气设备的传动装置。

（3）电流互感器和电压互感器的二次绕组。

（4）装有避雷线的电力线路杆塔。

（5）装在线路杆塔上的柱上断路器、电力电容器等设备的金属外壳。

（6）交、直流电力电缆的接线盒、终端盒、外壳及金属外皮、穿线的钢管等。

（7）配电盘和控制盘的框架。

（8）配电装置的金属构架和钢筋混凝土构架

以及靠近带电部分的金属遮栏、金属门。

1-30 什么是接地装置的接地电阻？其大小由哪些部分组成？

答：（1）接地装置的接地电阻是指加在接地装置上的电压与流入接地装置的电流之比。

（2）接地电阻由接地线电阻、接地体电阻、接地体与土壤的接触电阻、土壤的电阻四部分构成。

1-31 简述导线截面的基本选择和校验方法。

答：（1）按允许电压损耗选择导线截面。

（2）按经济电流密度选择导线截面。

（3）按发热条件校验导线截面。

（4）按机械强度校验导线截面。

（5）按电晕条件校验导线截面。

第二节 工程力学基础知识

1-32 配电线路施工中，定滑轮和动滑轮各起什么作用？

答：定滑轮起改变力的方向的作用，动滑轮起省力作用。

1-33 放线滑车的轮槽直径与导线直径应如何配合？

答：放线滑车的轮槽直径应大于导线直径的10倍。

1-34 滑车组在使用时对不同的牵引力，其相互间距离有什么要求？

答：（1）30kN 以下的滑车组之间的距离为0.5m；

（2）100kN 以下的滑车组之间的距离为0.7m；

（3）250kN 以下的滑车组之间的距离为0.8m。

1-35 起吊重物的绳结有几种打法？

答：起重所用的绳结型式很多，通用的和安全的绳结型式共14种，各种绳结示意如图1-2所示。

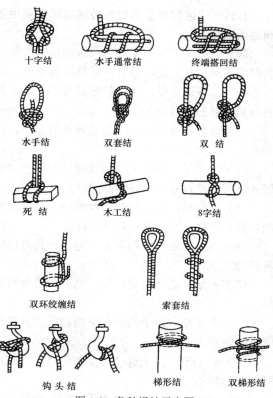

十字结　　　　水手通常结　　　　终端搭回结

水手结　　　双套结　　　双　结

死　结　　　木工结　　　8字结

双环绞缠结　　　　索套结

钩头结　　　梯形结　　　双梯形结

图1-2　各种绳结示意图

1-36 简述起吊重物的各种绳结的主要用途和适用场合。

答：（1）十字结：又称为接绳结，临时将吊物绳的两端结在一起，具有自紧易解的特点。

（2）水手通常结：用于较重荷重的起吊，具有自紧易解的特点。

（3）终端搭回结：用于较重荷重的起吊，具有自紧易解的特点。

（4）水手结：吊物绳或钢丝绳结一绳套时采用，具有不能自紧，但易解开的特点。

（5）双套结：吊物绳或钢丝绳结一绳套时采用，具有不能自紧，但易解开的特点。

（6）双结：用于较轻荷重的起吊，具有自紧易解的特点。

（7）死结：提升荷重时用，具有自紧易解的特点。

（8）木工结：用于较轻荷重的起吊，具有自紧易解的特点。

（9）8 字节：用于较轻荷重的起吊，具有自紧易解的特点。

（10）双环绞缠结：以麻绳垂直提升重量较轻

而体长的物体时采用，具有自紧易解的特点。

（11）索套结：长时间绑扎荷重时使用。

（12）钩头结：往吊上绑扎牵引机械或起吊荷重时使用，具有自紧易解的特点。

（13）梯形结：木抱杆接结绑线时使用。

（14）双梯形结：木抱杆接结绑线时使用。

1-37 绑物件的操作要点有哪些？

答：（1）捆绑前根据物件形状、重心位置确定合适的绑扎点和绳结类型。

（2）捆扎时考虑起吊、吊索与水平面要有一定的角度（以 45°为宜）。

（3）捆扎有棱角物件时应垫以木板、旧轮胎等，以免物件棱角和钢丝绳受损。

（4）要考虑吊索拆除时方便，重物就位后是否会压住压坏吊索。

（5）起吊过程中，要检查钢丝绳是否有拧劲现象，若有应及时处理。

（6）起吊零散物件，要采用与其相适应的捆缚夹具，以保证吊起平衡安全。

（7）一般不得单根吊索吊重物，以防重物旋转，将吊索扭伤，使用两根或多根吊索要避免吊索并绞。

1-38 叙述平面力系、汇交力系、平行力系、合力、分力的概念。

答：（1）平面力系是指所有力作用线位于同一平面内的力系。

（2）汇交力系是指所有力的作用线汇交于同一点的力系。

（3）平行力系是指所有力的作用线相互平行的力系。

（4）合力是指与某力系作用效应相同的某一力。

（5）分力是指与某力等效应的力系中的各力。

1-39 什么是材料的"弹性变形"和"塑性变形"？

答：如果材料在外力作用下产生了一定的变形（伸长、压缩、弯曲等），当外力消失后材料的变形又恢复到受力前的状态，此种变形称为"弹性变形"。例如，弹簧在弹性极限范围内的伸长，

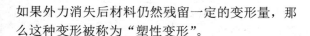

如果外力消失后材料仍然残留一定的变形量，那么这种变形被称为"塑性变形"。

1-40 什么是材料的"应力"、"屈服极限"和"强度极限"？

答：材料在单位面积上承受的内力称为"应力"（用 σ 表示），它的法定计量单位为帕斯卡（Pa）。

材料的应力一旦超过弹性极限，弹性变形阶段就结束了，即使应力没有继续增加，材料的变形却不断地增加，这是一种屈服现象，此时所对应的应力就称为材料的"屈服极限"，越过"屈服极限"就意味着材料的塑性变形开始了。材料力学把材料发生破坏时的应力 σ_P 称为"强度极限"，它将作为确定材料"许用应力"的基础。

1-41 什么是"许用应力"？常用金属材料的许用应力怎样计算？

答：在构件强度的设计中，为保证构件有足够的安全裕度，材料的设计使用应力只允许是危险应力的一部分，该应力被称为"许用应力"（用

[σ]表示），许用应力等于危险应力（强度极限）除以安全系数。

确定金属材料的许用应力时，对塑性材料（如一般低碳钢）而言，材料的屈服即视为破坏的开始，故选取屈服极限作为危险应力；对脆性材料（如灰铸铁）而言，则选取材料的破坏应力作为危险极限。正因为塑性材料在破坏前有征兆（屈服现象），安全系数可适当选得小一些（一般取为2.5）；脆性材料破坏前无任何征兆，安全系数必须选得大一些（一般取为 2.5～5）。

1-42　什么是架空导线的应力？其值过大或过小对架空线路有何影响？

答：（1）架空导线的应力是指架空导线受力时其单位横截面上的内力。

（2）影响：① 架空导线应力过大，易在最大应力气象条件下超过架空导线的强度而发生断线事故，难以保证线路安全运行；② 架空导线应力过小，会使架空导线弧垂过大，要保证架空导线对地具备足够的安全距离，必然因增高杆塔而增大投资，造成不必要的浪费。

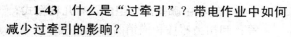

1-43 什么是"过牵引"？带电作业中如何减少过牵引的影响？

答： 在更换耐张绝缘子的操作中，为使绝缘子得到适当的松弛度，必须在导线上施加足以平衡运行张力的牵引力。如果牵引力超过了导线原来的运行张力，这种状态被称为"过牵引"。过牵引量越大，绝缘子松弛度越大，更换工作也就越方便；但过牵引量太大会引发横担、杆塔等受力部件损伤。

带电更换绝缘子应当根据设备状况（连续档或孤立档）正确选择操作方法，以减少过牵引造成的不良影响。

1-44 起重用的麻绳根据不同的分类有哪几种？

答： （1）根据所用的材料不同，可分为白棕绳、混合绳和麻绳三种；

（2）根据制造方式的不同，可分为索式和缆式两种；

（3）根据抗潮措施的不同，可分为浸油和不浸油两种来满足使用的要求。

1-45 卸扣由哪些部件组成？有几种型式？

答：卸扣由弯环和横销两部分组成，按弯环形状可分为直环形和马蹄形，按横销与弯环连接方式可分为螺旋式和销孔式。

1-46 人力绞磨由哪几部分组成？工作中如何正确使用？

答：（1）人力绞磨主要由磨架、磨芯和磨杠三部分组成。

（2）使用时：绞磨架必须固定，牵引绳应水平进入磨芯上，缠绕5圈以上，尾绳由两人随时收紧，为防止倒转，轮轴上应装有棘轮。

1-47 麻绳、白棕绳在选用时，如何根据其现状来确定它的允许拉力？

答：（1）干燥的、新的麻绳和白棕绳，当不知其允许拉力时，可按 9.8N/mm² 进行选用；

（2）在潮湿状态下使用的麻绳和白棕绳，其允许拉力应根据（1）的计算方法减半使用。

1-48 钢丝绳套制作时，要保证哪些数据？

答：（1）破口长度为 45～48d（d 为钢丝绳直径）；

（2）插接长度为 20～24d；

（3）绳套长度为 13～24d；

（4）插接各股的穿插次数不得少于 4 次。

1-49　钢丝绳使用前，有哪些情况存在时不允许使用或报废或截取？

答：当存在下列情况之一者不准使用：

（1）钢丝绳中有断股者。

（2）钢丝绳的钢丝磨损及腐蚀深度达到原钢丝绳直径的 40%；钢丝绳受到严重过火或局部电火烧过时。

（3）钢丝压扁变形及表面起毛刺严重者。

（4）钢丝绳的断丝量不多，但断丝数量增加很快者。

（5）在每一节距断丝根数超过有关规定者。

1-50　整体起吊电杆时需进行受力计算的有哪些？

答：（1）电杆的重心；

（2）电杆吊绳的受力；

（3）抱杆的受力；

（4）总牵引力；

（5）临时拉线的受力；

（6）制动绳的受力。

1-51 阐述采用汽车吊起立电杆的方法。

答：用汽车吊起立电杆的方法：首先应将吊车停在合适的地方，放好支腿，若遇土质松软的地方，支脚下垫一块面积较大的厚木板。起吊电杆的钢丝绳套，一般可拴在电杆重心以上的部位，对于拔稍杆的重心在距大头端电杆全长的 2/5 处并加上 0.5m。等径杆的重心在电杆的 1/2 处。如果是组装横担后整体起立，电杆头部较重时，应将钢丝绳套适当上移。拴好钢丝套后，吊车进行立杆。立杆时，在立杆范围以内应禁止行人走动，非工作人员应撤离施工现场以外。电杆在吊至杆坑中之后，应进行校正、填土、夯实，其后方可拆除钢丝绳套。

1-52 锚固工具有何作用？有哪些基本类型？

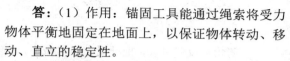

答：（1）作用：锚固工具能通过绳索将受力物体平衡地固定在地面上，以保证物体转动、移动、直立的稳定性。

（2）类型：地锚、桩锚、地钻、船锚。

1-53 起重抱杆有哪几种？哪种抱杆做成法兰式连接？

答：（1）起重抱杆分为圆木抱杆、角钢抱杆、钢管抱杆和铝合金抱杆四种。

（2）钢管抱杆做成法兰式连接。

1-54 什么是起重葫芦？起重葫芦可分为哪几种？

答：（1）起重葫芦是一种有制动装置的手动省力起重工具。

（2）起重葫芦包括手拉葫芦、手摇葫芦和手扳葫芦三种。

1-55 杆塔整体组立时，人字抱杆的初始角设置为多大？为什么？

答：（1）人字抱杆的初始角设置为 60°～65°

最佳。

（2）原因：

1）初始角设置过大，抱杆受力虽可减小，但此时抱杆失效过早，对立杆不利；

2）初始角设置过小，抱杆受力增大，且杆塔起立到足够角度不易脱帽，同样对立杆不利。

1-56　使用倒落式抱杆整体组立杆塔时，如何控制反面临时拉线？

答：（1）随着杆塔起立角度的增大，抱杆受力渐渐减小。

（2）在抱杆失效前，必须带上反面临时拉线。

（3）反面临时拉线随杆塔起立角度增加而进行长度控制。

（4）当杆塔起立到 70° 时，应放慢牵引速度。

（5）当杆塔起立到 80° 时，停止牵引，用临时拉线调直杆身。

1-57　制动钢丝绳受力情况是怎样的？如何有效防止制动绳受力过大？

答：（1）制动钢丝绳在杆塔起立开始时受力

收紧。

（2）随着杆塔起立角度增加，抱杆的支撑力逐渐减小，制动绳索的受力逐渐增大。

（3）当抱杆失效时，抱杆的支撑力消失，制动绳的受力最大。

（4）为防止制动钢丝绳受力过大，在抱杆失效前，应调整制动绳长度，使杆底坐入底盘。

1-58 杆塔调整垂直后，在符合哪些条件后方可拆除临时拉线？

答：（1）铁塔的底脚螺栓已紧固。

（2）永久拉线已紧好。

（3）无拉线电杆已回填土夯实。

（4）安装完新架空线。

（5）其他有特殊规定者，依照规定办理。

第三节 现场急救与一般安全知识

1-59 紧急救护的基本原则是什么？

答：紧急救护的基本原则是在现场采取积极措施，保护伤员的生命，减轻伤情，减少痛苦，并根据伤情需要，迅速与医疗急救中心（医疗部门）联系救治。急救成功的关键是动作快，操作正确。任何拖延和操作错误都会导致伤员伤情加重或死亡。

1-60　什么是脱离电源？

答：脱离电源，就是要把触电者接触的那一部分带电设备的所有断路器（开关）、隔离开关（刀闸）或其他断路设备断开，或设法将触电者与带电设备脱离开。在脱离电源过程中，救护人员也要注意保护自身的安全。

1-61　使低压触电者脱离电源的方法有哪些？

答：（1）如果触电地点附近有电源开关或电源插座，可立即拉开开关或拔出插头，断开电源。但应注意到拉线开关或墙壁开关等是只控制一根线的开关，有可能因安装问题只能切断中性线而没有断开电源的相线。

（2）如果触电地点附近没有电源开关或电源插座（头），可用有绝缘柄的电工钳或有干燥木柄

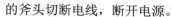

的斧头切断电线，断开电源。

（3）当电线搭落在触电者身上或压在身下时，可用干燥的衣服、手套、绳索、皮带、木板、木棒等绝缘物作为工具，拉开触电者或挑开电线，使触电者脱离电源。

（4）如果触电者的衣服是干燥的，又没有紧缠在身上，可以用一只手抓住他的衣服，拉离电源。但因触电者的身体是带电的，其鞋的绝缘也可能遭到破坏，救护人不得接触触电者的皮肤，也不能抓他的鞋。

（5）若触电发生在低压带电的架空线路上或配电台架、进户线上，对可立即切断电源的，则应迅速断开电源，救护者迅速登杆或登至可靠地方，并做好自身防触电、防坠落安全措施，用带有绝缘胶柄的钢丝钳、绝缘物体或干燥不导电物体等工具将触电者脱离电源。

1-62 使高压触电者脱离电源的方法有哪些？

答：高压触电可采用下列方法之一使触电者脱离电源：

（1）立即通知有关供电单位或用户停电。

（2）戴上绝缘手套，穿上绝缘靴，用相应电压等级的绝缘工具按顺序拉开电源开关或熔断器。

（3）抛掷裸金属线使线路短路接地，迫使保护装置动作，断开电源。注意抛掷金属线之前，应先将金属线的一端固定可靠接地，然后另一端系上重物抛掷，注意抛掷的一端不可触及触电者和其他人。另外，抛掷者抛出线后，要迅速离开接地的金属线 8m 以外或双腿并拢站立，防止跨步电压伤人。在抛掷短路线时，应注意防止电弧伤人或断线危及人员安全。

1-63　脱离电源后救护人员应注意哪些事项？

答：（1）救护人不可直接用手、其他金属及潮湿的物体作为救护工具，而应使用适当的绝缘工具。救护人最好用一只手操作，以防自己触电。

（2）防止触电者脱离电源后可能的摔伤，特别是当触电者在高处的情况下，应考虑防止坠落的措施。即使触电者在平地，也要注意触电者倒下的方向，注意防摔。救护者也应注意救护中自身的防坠落、摔伤措施。

（3）救护者在救护过程中特别是在杆上或高处抢救伤者时，要注意自身和被救者与附近带电体之间的安全距离，防止再次触及带电设备。电气设备、线路即使电源已断开，对未做安全措施挂上接地线的设备也应视作有电设备。救护人员登高时应随身携带必要的绝缘工具和牢固的绳索等。

（4）如事故发生在夜间，应设置临时照明灯，以便于抢救，避免意外事故，但不能因此延误切除电源和进行急救的时间。

1-64　脱离电源后，如何进行现场就地急救？

答：触电者脱离电源以后，现场救护人员应迅速对触电者的伤情进行判断，对症抢救。同时设法联系医疗急救中心（医疗部门）的医生到现场接替救治。要根据触电伤员的不同情况，采用不同的急救方法。

（1）触电者神志清醒、有意识，心脏跳动，但呼吸急促、面色苍白，或曾一度昏迷，但未失去知觉。此时不能用心肺复苏法抢救，应将触电者抬到空气新鲜，通风良好地方躺下，安静休息1～2h，让他慢慢恢复正常。天凉时要注意保温，并随时观察呼吸、脉搏变化。

（2）触电者神志不清，判断意识无，有心跳，但呼吸停止或极微弱时，应立即用仰头抬颏法，使气道开放，并进行口对口人工呼吸。此时切记不能对触电者施行心脏按压。如此时不及时用人工呼吸法抢救，触电者将会因缺氧过久而引起心跳停止。

（3）触电者神志丧失，判定意识无，心跳停止，但有极微弱的呼吸时，应立即施行心肺复苏法抢救。不能认为尚有微弱呼吸，只需做胸外按压，因为这种微弱呼吸已起不到人体需要的氧交换作用，如不及时人工呼吸即会发生死亡，若能立即施行口对口人工呼吸法和胸外按压，就能抢救成功。

（4）触电者心跳、呼吸停止时，应立即进行心肺复苏法抢救，不得延误或中断。

（5）触电者和雷击伤者心跳、呼吸停止，并

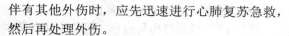

伴有其他外伤时，应先迅速进行心肺复苏急救，然后再处理外伤。

（6）发现杆塔上或高处有人触电，要争取时间及早在杆塔上或高处开始抢救。触电者脱离电源后，应迅速将伤员扶卧在救护人的安全带上（或在适当地方躺平），然后根据伤者的意识、呼吸及颈动脉搏动情况来进行前（1）～（5）项不同方式的急救。应提醒的是高处抢救触电者，迅速判断其意识和呼吸是否存在是十分重要的。若呼吸已停止，开放气道后立即口对口（鼻）吹气2次，再测试颈动脉，如有搏动，则每5s继续吹气1次；若颈动脉无搏动，可用空心拳头叩击心前区2次，促使心脏复跳。若需将伤员送至地面抢救，应再口对口（鼻）吹气4次，然后立即用绳索采用合适的下放方法，迅速放至地面，并继续按心肺复苏法坚持抢救。

（7）触电者衣服被电弧光引燃时，应迅速扑灭其身上的火源，着火者切忌跑动，可利用衣服、被子、湿毛巾等扑火，必要时可就地躺下翻滚，使火扑灭。

1-65 如何判断伤员有无意识？

答：（1）轻轻拍打伤员肩部，高声喊叫："喂！你怎么啦？"

（2）如认识，可直呼喊其姓名。有意识，立即送医院。

（3）无反应时，立即用手指甲掐压入中穴、合谷穴约 5s。

注意，以上 3 步动作应在 10s 以内完成，不可太长，伤员如出现眼球活动、四肢活动及疼痛感后，应即停止掐压穴位，拍打肩部不可用力太重，以防加重可能存在的骨折等损伤。

1-66 抢救伤员正确的抢救体位是什么样的？

答：正确的抢救体位是：仰卧位。患者头、颈、躯干平卧无扭曲，双手放于两侧躯干旁。

1-67 如何通畅伤员的气道？

答：当发现触电者呼吸微弱或停止时，应立即通畅触电者的气道以促进触电者呼吸或便于抢救。

36

通畅气道主要采用仰头举颏（颌）法。即一手置于前额使头部后仰，另一手的食指与中指置于下颌骨近下颏或下颌角处，抬起下颏（颌）。

注意：严禁用枕头等物垫在伤员头下；手指不要压迫伤员颈前部、颏下软组织，以防压迫气道，颈部上抬时不要过度伸展，有假牙托者应取出。儿童颈部易弯曲，过度抬颈反而使气道闭塞，因此不要抬颈牵拉过甚。成人头部后仰程度应为90°，儿童头部后仰程度应为60°，婴儿头部后仰程度应为30°，颈椎有损伤的伤员应采用双下颌上提法。

1-68　如何判断伤员是否存在呼吸？

答：在通畅呼吸道之后，由于气道通畅可以明确判断呼吸是否存在。维持开放气道位置，用耳贴近伤员口鼻，头部倒向伤员胸部，眼睛观察其胸有无起伏；面部感觉伤员呼吸道有无气体排出；或耳听呼吸道有无气流通过的声音。

1-69　判断伤员是否存在呼吸时应注意什么？

答：（1）要保持气道开放位置；

（2）观察时间为 5s 左右；

（3）有呼吸者，应注意保持气道通畅；

（4）无呼吸者，应立即进行口对口人工呼吸；

（5）通畅呼吸道：部分伤员因口腔、鼻腔内异物（分泌物、血液、污泥等）导致气道阻塞时，应将触电者身体侧向一侧，迅速将异物用手指抠出，防止不通畅而产生窒息，以致心跳减慢。

1-70 如何判断伤员有无脉搏？

答：在检查伤员的意识、呼吸、气道之后，应对伤员的脉搏进行检查，以判断伤员的心脏跳动情况。具体方法如下：

（1）在开放气道的位置下进行（首次人工呼吸后）。

（2）一手置于伤员前额，使头部保持后仰，另一手在靠近抢救者一侧触摸颈动脉。

（3）可用食指及中指指尖先触及气管正中部位，男性可先触及喉结，然后向两侧滑移 2～3cm，在气管旁软组织处轻轻触摸颈动脉搏动。

1-71 判断伤员有无脉搏时，应注意什么事项？

答：（1）触摸颈动脉不能用力过大，以免推移颈动脉，妨碍触及；

（2）不要同时触摸两侧颈动脉，造成头部供血中断；

（3）不要压迫气管，造成呼吸道阻塞；

（4）检查时间不要超过 10s；

（5）判断应综合审定：如无意识，无呼吸，瞳孔散大，面色紫绀或苍白，再加上触不到脉搏，可以判定心跳已经停止；

（6）婴、幼儿因颈部肥胖，颈动脉不易触及，可检查肱动脉，肱动脉位于上臂内侧腋窝和肘关节之间的中点，用食指和中指轻压在内侧，即可感觉到脉搏。

1-72 如何针对触电伤员的不同状态采取不同急救措施？

答：（1）神志清醒、心跳、呼吸存在者：静卧、保暖、严密观察。

（2）昏迷、心跳停止、呼吸存在者：胸外心脏按压。

（3）昏迷、心跳存在、呼吸停止者：口对口（鼻）人工呼吸。

（4）昏迷、心跳停止、呼吸停止者：同时作胸外心脏按压和口对口（鼻）人工呼吸。

1-73　如何进行口对口（鼻）呼吸？

答： 当判断伤员确实不存在呼吸时，应即进行口对口（鼻）的人工呼吸，其具体方法是：

（1）在保持呼吸通畅的位置下进行。用按于前额一手的拇指与食指，捏住伤员鼻孔（或鼻翼）下端，以防气体从口腔内经鼻孔逸出，施救者深吸一口气屏住并用自己的嘴唇包住（套住）伤员微张的嘴。

（2）用力快而深地向伤员口中吹（呵）气，同时仔细地观察伤员胸部有无起伏，如无起伏，则说明气未吹进。

（3）一次吹气完毕后，应即与伤员口部脱离，轻轻抬起头部，面向伤员胸部，吸入新鲜空气，以便作下一次人工呼吸。同时使伤员的口张开，捏鼻的手也可放松，以便伤员从鼻孔通气，观察伤员胸部向下恢复时，则有气流从伤员口腔排出。

抢救一开始，应即向伤员先吹气两口，吹气有起伏者，表示人工呼吸有效；吹气无起伏者，则表示气道通畅不够，或鼻孔处漏气，或吹气不足，或气道有梗阻。

1-74 进行口对口（鼻）呼吸应注意什么事项？

答：（1）每次吹气量不要过大，大于 1200mL 时会造成胃扩张。

（2）吹气时不要按压胸部。

（3）儿童伤员需视年龄不同而异，其吹气量为 800mL 左右，以胸廓能上抬时为宜。

（4）抢救一开始的首次吹气两次，每次时间为 1～1.5s。

（5）有脉搏无呼吸的伤员，则每 5s 吹一口气，每分钟吹气 12 次。

（6）口对鼻的人工呼吸，适用于有严重的下颌及嘴唇外伤，牙关紧闭，下颌骨骨折等情况的伤员，难以采用口对口吹气法。

（7）婴、幼儿急救操作时要注意，因婴、幼儿韧带、肌肉松弛，故头不可过度后仰，以免气管受压，影响气道通畅，可用一手托颈，以保持气道平直；另外婴、幼儿口鼻开口均较小，位置又很靠近，抢救者可用口贴住婴幼儿口与鼻的开口处，施行口对口鼻呼吸。

1-75　如何进行胸外心脏按压？

答：（1）按压部位在胸骨中 1/3 与下 1/3 交界处。

（2）伤员体位：伤员应仰卧于硬板床或地上。如为弹簧床，则应在伤员背部垫一硬板。硬板长度及宽度应足够大，以保证按压胸骨时，伤员身体不会移动。但不可因找寻垫板而延误开始按压的时间。

（3）按压频率：保持在 100 次/min。

（4）按压与人工呼吸比例为：单人操作时为 15:2，双人操作时为 5:1，婴儿、儿童为 5:1。

（5）按压深度：通常成人伤员为 3.8～5cm，5～13 岁伤员为 3cm，婴幼儿伤员为 2cm。

（6）按压方式与姿势应正确。

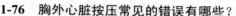

1-76 胸外心脏按压常见的错误有哪些?

答:(1)按压除掌根部贴在胸骨外,手指也压在胸壁上,这容易引起骨折(肋骨或肋软骨)。

(2)按压定位不正确,向下易使剑突受压折断而致肝破裂。向两侧易致肋骨或肋软骨骨折,导致气胸、血胸。

(3)按压用力不垂直,导致按压无效或肋软骨骨折,特别是摇摆式按压更易出现严重并发症。

(4)抢救者按压时肘部弯曲,因而用力不够,按压深度达不到 3.8～5cm。

(5)按压冲击式、猛压,其效果差,且易导致骨折。

(6)放松时抬手离开胸骨定位点,造成下次按压部位错误,引起骨折。

(7)放松时未能使胸部充分松弛,胸部仍承受压力,使血液难以回到心脏。

(8)按压速度不自主地加快或减慢,影响按压效果。

(9)双手掌不是重叠放置,而是交叉放置。

1-77 心肺复苏法操作过程有哪些步骤?

43

答：（1）首先判断昏倒的人有无意识。

（2）如无反应，立即呼救，叫"来人啊！救命啊！"等。

（3）迅速将伤员放置于仰卧位，并放在地上或硬板上。

（4）开放气道（仰头举颏或颌）。

（5）判断伤员有无呼吸（通过看、听和感觉来进行）。

（6）如无呼吸，立即口对口吹气两口。

（7）保持头后仰，另一手检查颈动脉有无搏动。

（8）如有脉搏，表明心脏尚未停跳，可仅做人工呼吸，每分钟 12～16 次。

（9）如无脉搏，立即在正确定位下在胸外按压位置进行心前区叩击 1～2 次。

（10）叩击后再次判断有无脉搏，如有脉搏即表明心跳已经恢复，可仅做人工呼吸即可。

（11）如无脉搏，立即在正确的位置进行胸外按压。

（12）每作 15 次按压，需作两次人工呼吸，然后再在胸部重新定位，再作胸外按压，如此反复进行，直到协助抢救者或专业医务人员赶来。按压频率为 100 次/min。

（13）开始 1min 后检查一次脉搏、呼吸、瞳孔，以后每 4～5min 检查一次，检查不超过 5s，最好由协助抢救者检查。

（14）如有担架搬运伤员，应该持续做心肺复苏，中断时间不超过 5s。

1-78　心肺复苏操作的时间有何要求？

答： 0～5s：判断意识。

5～10s：呼救并放好伤员体位。

10～15s：开放气道，并观察呼吸是否存在。

15～20s：口对口呼吸两次。

20～30s：判断脉搏。

30～50s：进行胸外心脏按压 15 次，并再人工呼吸 2 次，以后连续反复进行。

以上程序尽可能在 50s 以内完成，最长不宜超过 1min。

1-79　双人心肺复苏操作有何要求？

答：（1）两人应协调配合，吹气应在胸外按压的松弛时间内完成。

（2）按压频率为 100 次/min。

（3）按压与呼吸比例为 15:2，即 15 次心脏按压后，进行 2 次人工呼吸。

（4）为达到配合默契，可由按压者数口诀 1、2、3、4、…、14 吹，当吹气者听到"14"时，做好准备，听到"吹"后，即向伤员嘴里吹气，按压者继而重数口诀 1、2、3、4、…、14 吹，如此周而复始循环进行。

（5）人工呼吸者除需通畅伤员呼吸道、吹气外，还应经常触摸其颈动脉和瞳孔等。

1-80 心肺复苏的有效指标有哪些？

答：在急救中判断复苏是否有效，可以根据以下五方面综合考虑：

（1）瞳孔。复苏有效时，可见伤员瞳孔由大变小。如瞳孔由小变大、固定、角膜混浊，则说明复苏无效。

（2）面色（口唇）。复苏有效，可见伤员面色由紫绀转为红润，如若变为灰白，则说明复苏无效。

（3）颈动脉搏动。按压有效时，每一次按压可以摸到一次搏动，如若停止按压，搏动亦消失，应继续进行心脏按压；如若停止按压后，脉搏仍然跳动，则说明伤员心跳已恢复。

（4）神志。复苏有效，可见伤员有眼球活动，睫毛反射与对光反射出现，甚至手脚开始抽动，肌张力增加。

（5）出现自主呼吸。伤员自主呼吸出现，并不意味可以停止人工呼吸。如果自主呼吸微弱，仍应坚持口对口呼吸。

1-81　高温中暑有何症状？如何急救？

答：烈日直射头部，环境温度过高，饮水过少或出汗过多等可以引起中暑现象，其症状一般为恶心、呕吐、胸闷、眩晕、嗜睡、虚脱，严重时抽搐、惊厥甚至昏迷。

高温中暑后应立即将病员从高温或日晒环境转移到阴凉通风处休息。用冷水擦浴，湿毛巾覆盖身体，电扇吹风，或在头部置冰袋等方法降温，并及时给伤员口服盐水。严重者送医院治疗。

1-82　发生火灾必须同时具备的条件是什么？

答：发生火灾必须同时具备三个条件：① 可燃性物质；② 助燃性物质（氧化剂、氧气）；③ 火源或高温。

1-83　电气火灾和爆炸的原因是什么？

答：（1）有易燃易爆的环境，也就是存在易燃易爆物及助燃物质。

（2）电气设备产生火花、危险的高温。

1-84　试述电气防火和防爆的一般原则。

答：（1）排除可燃易爆物质：

1）保持良好通风，加速空气流通和交换。一方面可有效地排除现场可燃易爆的气体、蒸汽、粉尘和纤维，或把它们的浓度降低到不致引起火灾和爆炸的限度之内。另一方面有利于降低环境温度。

2）加强密封，减少可燃易爆物质的来源，可燃易爆物质的产生设备、储存容器，以及管道接头和阀门等应严密封闭，并且应经常巡视检测，防止可燃易爆物质跑、冒、滴、漏。

（2）排除电气火源：

1）正常运行时产生火花、电弧和危险高温的电气装置，应装在有爆炸和火灾危险的场所之外区；

2）在有爆炸和火灾危险场所内，尽量不用或少用携带式电气设备；

3）有爆炸和火灾危险场所，应根据该危险场所的等级来合理选择相应种类的电气设备；

4）有爆炸和火灾危险场所内的电力线路，其导线应采用铜芯绝缘线，导线连接应牢固可靠；

5）在有爆炸和火灾危险场所内，工作零线的绝缘等级应与相线相同，并且两者应在同一护套或管子内。绝缘导线应敷设在管子之内，严禁敷设明线；

6）在有火灾危险的场所内，应采用无延燃性外被层的电缆或无延燃性护套的绝缘导线，导线应穿在钢管或硬塑料管、PVC 管中明敷或暗敷；

7）线路和电气设备的布置，应避免受机械损伤，并应防尘、防潮、防腐蚀和防日晒；

8）正确选用信号、保护装置，并合理整定，以保证在线路、设备严重过负载或发生故障时，准确、及时、可靠地将其切除，或者发出报警信号，以便迅速处理；

9）突然停电有可能引起电气火灾和爆炸的场所，应由两路以上的电源供电，两路电源之间应能自动切换。

10）有爆炸和火灾危险场所的电气设备的金属外壳应可靠接地（或接零），以便发生碰壳接地短路时能迅速切断电源，防止短路电流长时间通过设备而产生高温高热。

1-85　常用电气安全工作标示牌有哪些？对应放在什么地点？

答：（1）禁止合闸，有人工作！悬挂在一经合闸即可送电到施工设备的断路器和隔离开关操作把手上。

（2）禁止合闸，线路有人工作！悬挂在一经合闸即可送电到施工线路的断路器和隔离开关操作把手上。

（3）在此工作！悬挂在室外和室内工作地点或施工设备上。

（4）止步，高压危险！悬挂在施工地点临近带电设备的遮栏上；室外工作地点临近带电设备的构架横梁上；禁止通行的过道上；高压试验地点。

（5）从此上下！悬挂在工作人员上下的铁架、梯子上。

（6）禁止攀登，高压危险！悬挂在工作人员可能误上下的铁架及运行中变压器的梯子上。

1-86 《国家电网公司电力安全工作规程》中对作业现场有哪些规定？

答：（1）作业现场生产条件和安全设施等应符合有关标准、规范的要求；

（2）作人员的劳动防护用品应合格、齐备；

（3）经常有人工作的场所及施工车辆上宜配备急救箱，存放急救用品，并应指定专人经常检查、补充或更换；

（4）现场使用的安全工器具应合格，并符合有关要求；

（5）各类作业人员要被告知其作业现场和工作岗位存在的危险因素、防范措施及事故紧急处理措施。

1-87 《国家电网公司电力安全工作规程》工作票类型有哪几类？

答：（1）电力线路第一种工作票；

（2）电力线路第二种工作票；

（3）电力电缆第一种工作票；

（4）电力电缆第二种工作票；

（5）事故抢修单；

（6）施工作业票；

（7）带电作业票；

（8）倒闸操作票。

第二章 配电线路知识

第一节 杆 塔

2-1 架空配电线路的电杆杆型有哪几种？

答： 架空配电线路的电杆，按其所起的作用和在线路中所处的位置不同，分为以下五种：

（1）直线杆也称为中间杆。它分布在承力杆中间，数量最多。正常情况下，直线杆只承受垂直荷重（导线、绝缘子和覆冰重量）和水平的风压。只有在断线时，才承受导线的不平衡拉力，因此，直线杆一般比较轻便，机械强度较低。

（2）耐张杆也称为承力杆。它用在电力线路的分段承力处，以加强线路的机械强度。

（3）转角杆是在线路转角处，为了承受不平衡拉力，必须采用转角杆。转角杆一般都是强度较高的耐张杆，在承受力的反方向上做拉线加强。当转角小于 15° 时，可以采用合力拉线，转角小于 5°时，可采用轻便的直线型转角杆。

（4）终端杆用于线路的首端和末端。除承受导线的垂直荷载和水平风力外，还承受单侧导线的张力。

（5）分支杆也称为 T 型杆，它用在线路的分支处，以便接出分支线。

2-2　什么是预应力混凝土电杆？其强度设计安全系数是多少？

答：预应力混凝土电杆是将钢筋先经预拉，提高钢筋的强度，在钢筋张紧状态下，再与混凝土结成统一整体，待混凝土达到一定强度后，再放松钢筋，钢筋产生弹性收缩变形，而使混凝土得到预压应力，而当电杆加上受拉荷重时，这个预压应力可以抵消一部分或全部的拉力。预应力混凝土电杆的强度设计安全系数应为 1.8。

2-3　何谓增强型钢筋混凝土电杆？其特点是什么？可应用于哪些场合？

答：增强型钢筋混凝土电杆，主筋采用 $\phi 20 \times 22$ 或 $\phi 20 \times 22 \sim 24$，混凝土弯矩可达 1000kN·m

（普通水泥杆为 600kN·m），壁厚为 60mm（普通水泥杆壁厚为 50mm），可分为直埋式和地面采用法兰盘连接两种。法兰盘连接增强型钢筋混凝土电杆具有现场施工停电时间短，便于施工的优点。

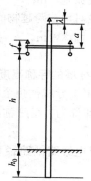

图 2-1　电杆高度示意图

2-4　怎样确定电杆高度？

答：架空配电线路应根据线路的电压等级、导线型号、地形地貌以及当地气象条件等因素，合理确定电杆高度，以达到经济安全的目的。10kV 线路电杆高度示意图如图 2-1 所示。电杆高

度计算的公式为

$$H=a-\lambda+f+h+h_0$$

式中　　a——横担中心与杆顶的距离，m；

　　　　λ——针式绝缘子的高度，m；

　　　　f——导线弧垂，m；

　　　　h——导线对地或跨越物的安全距离，m；

　　　　h_0——电杆埋深，m。

2-5　什么是杆塔的呼称高度？

答：杆塔最下层导线横担至杆塔中心处施工基面的垂直高度即称为杆塔呼称高度。

2-6　架空配电线路的路径和杆位选择应符合哪些要求？

答：架空配电线路的路径，涉及建设投资和运行维护，因此，一定要做到经济合理，便于施工和维护。在选择路径及杆位时一般应符合下列要求：

（1）线路路径应尽量短而直，尽量减少转角和跨越；尽量靠近道路，以便于施工和运行维护。

（2）线路应尽量少占农田，避开森林、绿化区、公园、果园、防护林等。如必须穿越这些地带时，应设法减少树木的砍伐量。

（3）尽量避开洼地、沼泽地、水草地、盐碱地带、冲刷地带以及易被车辆碰撞的地方。

（4）尽量避开有爆炸物、易燃物和可燃液（气）体的生产厂房、仓库和储罐等。

（5）线路通过矿区时，应调查了解地下坑道的开采情况，考虑塌陷的危险，尽量绕矿区边沿通过。

（6）线路通过山区时，应避免通过陡坡、滑坡、悬崖、峭壁和不稳定的岩石地段。线路沿山麓通过时，应避开山洪排水的冲刷。

（7）线路应尽量避开重冰区、原始森林以及严重影响安全运行的其他地区，并考虑对邻近电台、机场、弱电线路等的影响。

（8）线路不宜沿山涧、干河架设，必要时应将杆塔设在常年最高洪水位以下的地方。

（9）线路跨越河流时，应尽量选择在河道窄、河床平直和河岩稳定的地方，尽量避免跨越码头、河道转弯处及支流入口处，杆塔应设在地层稳定、无严重河岸冲刷和坍塌的地方。

（10）线路转角处应选择在平坦地带或山麓缓坡上，并应考虑施工紧线的场地。转角点前后两基杆塔的位置要合理安排，以免造成相邻两档的档距过大和过小。

2-7 为什么钢筋混凝土电杆不允许出现纵向裂纹？怎样测量钢筋混凝土杆的横向裂纹？横向裂纹允许多大？

答：钢筋混凝土电杆由于制造质量不良，或在装卸运输中互相碰撞、急剧坠落及不正确的支吊等原因产生各种裂纹。在运行中因受负载作用及自然界各种因素的侵袭，也会出现裂纹，钢筋混凝土电杆出现裂纹后主要危害是：

（1）影响电杆的破坏强度。

（2）降低电杆的整体刚度。电杆裂纹后，因为在裂纹截面处的混凝土脱离工作，主要由钢筋承受拉力，使电杆的整体刚度较未裂纹前按全截面工作时的刚度有所降低。电杆配筋越小，影响越明显。

（3）当电杆出现裂纹或裂纹扩大后，在负载的作用下，使电杆的挠度增加，从而增加了电杆的附加弯矩。同时会使雨水或腐蚀气体从裂纹处侵袭，使钢筋锈蚀，并使混凝土碳化，随之裂纹处冒出白浆或结晶物，使混凝土脱落，促使裂纹扩大，造成恶性循环。纵向裂纹比横向裂纹更为严重。

（4）预应力电杆出现裂纹后，将使钢筋严重锈蚀，应力大大降低。

由于上述原因，所以在《架空配电线路及设备运行规程》（SD 292—1988）中规定：混凝土杆不应有严重裂纹、流铁锈水等现象，保护层不应脱落、疏松、钢筋外露，不宜有纵向裂纹，横向裂纹宽度不宜超过 1/3 周长，且裂纹宽度不宜大于 0.5mm。

测量混凝土电杆裂纹的宽度，一般采用带有刻度的"测缝仪"，可以直接读出裂纹的宽度。当发现裂纹后，应每年测量一次，并做好记录，以观察裂纹的发展情况。

2-8 钢筋混凝土电杆产生裂缝和混凝土剥落时应怎样处理？

答：钢筋混凝土电杆面发现裂缝时，应用水泥浆填缝，并将表面涂平，当在靠地面处出现裂缝时，除用水泥浆填缝外，还应在地面上下各1.5m杆段内涂刷沥青。混凝土剥落时，应将疏松部分凿去，用清水浇净，然后用高一标号的混凝土浆修补。如钢筋外露，应先把锈除尽，再用1:2水泥砂浆涂1～2mm厚再浇灌混凝土。对于裂缝较大，严重影响电杆强度的钢筋混凝土电杆应予更换。

2-9 杆塔上应有哪些固定标志？

答：为便于线路投产后的运行、维护，杆塔上应有下列完整正确的固定标志：

（1）电压等级、线路名称（或代号）及杆号。

（2）所有耐张杆塔、分支杆塔、换位杆塔及换位杆塔前后各一基杆塔上应有明显的黄、绿、红相位标志。

（3）高杆塔按设计规定装设的航行障碍标志。

（4）发电厂、变电站进出线每条线路的色标标志（双回路全部）。

第二节 拉线与基础

2-10 拉线的作用是什么?

答: 拉线用于平衡杆塔承受的水平风力和导线、避雷线的张力。根据不同的作用,分为张力拉线和风力拉线两种。张力拉线用于平衡导线、避雷线的张力,张力拉线与地面的夹角一般以45°为宜,最大不要超过60°。

风力拉线用于平衡水平风力。10kV 线路档距(相邻两基电杆之间的水平距离)较小,钢筋混凝土杆一般均能承受电杆和导线上的水平风力,所以可以不装设防风拉线。若根据本地区的实际情况,需要装设防风拉线时,可以每隔 7~10 基杆装设一处,一般装在线路方向的两侧,也可采用十字形安装。

2-11 拉线由哪几部分组成? 其形式有哪些?

答: 拉线由上部(当拉线加装拉紧绝缘子时,上部又被分为两部分,一般称做上把和中把)、下部、拉线盘三部分组成。

2-12 拉线与电杆的夹角有哪些具体规定?

答:(1)直线单杆的拉线对地面的夹角主要由正常情况的荷重和电杆挠度要求控制,从理论上讲,夹角小一些更好,但考虑到拉线对导线的电气间隙和不能占地太大,通常取 60°。

(2)耐张杆和转角杆拉线:为了减少电杆偏移,拉线对地夹角一般不大于 60°。为了减少占地,通常平衡导线的拉线对地夹角取 45°。

(3)搭在杆塔上的紧线用的临时拉线是为了减少杆塔的受力和挠度,并保证施工人员的安全,虽然其对地夹角越小越好,但受地形及杆高限制,一般采用 30°~45° 为宜。

2-13 钢筋混凝土电杆的拉线,在什么情况下要装设拉线绝缘子?

答:钢筋混凝土电杆的拉线,凡穿越和接近导线的电杆拉线必须装设与线路电压等级相同的拉线绝缘子。拉线绝缘子应装在最低导线以下,应保证在拉线绝缘子以下断拉线情况下,拉线绝缘子距地面不应小于 2.5m。拉线绝缘子的强度安全系数不应小于 3.0。

2-14 拉线的标准有哪些？

答：（1）安装前 UT 型线夹和楔型线夹的丝扣上应涂润滑剂。

（2）线夹舌板与拉线接触应紧密，受力后无滑动现象，线夹的凸度应在尾侧，安装不得损伤拉线。

（3）拉线弯曲部分不应有明显松股，拉线断头处与拉线主线应可靠固定，线夹露出的尾线长度不宜超过 400mm。

（4）UT 型线夹或花篮螺栓的螺杆应露扣，并应不小于 1/2 螺杆丝扣长度可供调紧，调整后，UT 型线夹的双螺母应并紧，花篮螺栓应封固，同一组拉线使用双线夹时，其尾线端的方向应做统一规定。

2-15 电杆底盘如何安装？

答：（1）电杆底盘的安装应在基坑检验合格后进行；

（2）底盘安装后其圆槽面应与电杆轴线垂直；

（3）底盘找正后应填土夯实至底盘表面；

（4）底盘安装允许偏差，应使电杆组立后满足电杆允许偏差规定。

2-16 卡盘如何安装？

答：（1）安装前将卡盘设置处以下的土壤分层回填夯实；

（2）安装位置、方向、深度应符合设计要求，深度允许偏差为±50mm，当设计无要求时，上平面距地面不应小于500mm；

（3）与电杆连接应紧密。

2-17 拉线盘如何埋设？

答：（1）拉线盘的埋设深度和方向应符合设计要求；

（2）拉线棒与拉线盘应垂直，连接处应采用双螺母，其外露地面部分的长度应为 500～700mm；

（3）拉线坑应有斜坡，回填土时应将土块打碎后夯实；

（4）拉线坑宜设防沉层。

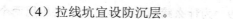

第三节 金具与绝缘子

2-18 直线杆针式绝缘子的型号应如何选择？

答： 绝缘子既要有良好的电气性能，又要具有足够的机械强度。针式绝缘子是在直线杆上用的，有 P-10T、P-l5T、P-10M、P-15M、PQ-15T 等几种。P 代表针式；10、15 代表电压等级 10kV 和 15kV；Q 表示加强绝缘型；T 表示铁担直脚；M 表示木担直脚。

代表绝缘子性能的重要数据是绝缘子的表面泄漏距离，即泄漏比距（单位为 cm/kV）。根据相关规程规定，对于架空线路，中性点非直接接地系统的泄漏比距值：0 级为 1.9；一级为 1.9～2.4；二级为 2.4～3.0；三级为 3.0～3.8；四级为 3.8～4.5。由于中压配电线路电压不高，瓷绝缘泄漏距离也不大，因此可根据规定的泄漏比距值，相应的减小划分档次，一般为三级，即轻污、重污和普通，以便选择绝缘子。

2-19　为什么跨越的直线杆上，每相用两个针式绝缘子？

答：由于 10kV 线路广泛采用钢筋混凝土电杆和铁横担，绝缘水平较低，遭受雷击后，往往造成绝缘子击穿损坏和烧断导线。为了增强跨越直线杆固定导线的作用，直线杆的每相采用双针式绝缘子将导线的主线和辅线分别固定在两个针式绝缘子上，当其中一只绝缘子被雷击击穿损坏，扎线松开，另一只绝缘子还可作为导线固定，从而减少因雷击绝缘子，造成导线掉落地面的事故。

2-20　安装前和运行中的悬式绝缘子，其绝缘电阻值应为多少？

答：安装前和运行中的悬式绝缘子，其绝缘电阻值应不小于 500MΩ。

2-21　绝缘子在什么情况下容易损坏？

答：（1）绝缘子安装使用不当。例如低电压等级的绝缘子用在高电压等级的线路上，造成绝缘子损坏。

（2）由于气候冷热变化造成损坏，或因受到

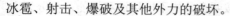

冰雹、射击、爆破及其他外力的破坏。

（3）由于绝缘子泄漏比距不能满足污秽的要求，或绝缘子在雨雾气候时引起闪络，或遭受雷击而损坏。

（4）当线路发生短路故障时，由于电动力过大造成损坏。

2-22　什么是不合格的绝缘子？发现不合格绝缘子时应如何处理？

答：绝缘子有下列情况之一者为不合格：

（1）瓷质裂纹，破碎、瓷釉烧坏。

（2）钢脚和钢帽裂纹、弯曲、严重锈蚀、歪斜、浇装水泥裂纹。

（3）绝缘电阻小于300MΩ。

（4）电压分布值为零或低于标准值的绝缘子。

当发现不合格的绝缘子时，应针对具体情况分析研究，安排处理计划。对于瓷质裂纹、破碎、瓷釉烧坏、钢脚和钢帽裂纹及零值绝缘子，应尽快更换，以防发生事故。

2-23　金具按其用途可分为几种？

答：按照金具的不同用途和性能，可分为支持金具、紧固金具、连接金具、接续金具、保护金具和拉线金具六大类。

2-24 连接金具的作用有哪些？

答：连接金具分专用、通用和拉线连接金具三种。专用连接金具的作用是配合球型绝缘子串连接，如球头挂环、球头挂板。通用连接金具用于绝缘子串间互相连接，以及绝缘子串与杆塔或其他金具间的连接，如U型挂板、U型挂环、直角挂板、平行挂板、二连板、延长环等。拉线连接金具主要是拉线二连板，适用于两根拉线的组合。

2-25 金具的使用安全系数取多少？

答：在配电线路中，金具的使用安全系数不应小于2.5。

2-26 螺栓连接为什么要顶紧？

答：（1）防止连接件在工作中松动。

（2）保证连接件受到工作荷重后，仍能保持

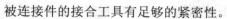

被连接件的接合工具有足够的紧密性。

（3）当连接件受到横向荷重时，保持被连接件间不产生相对滑动。

2-27 为什么金具连接螺栓要装弹簧垫卷？

答：金具连接螺栓之所以要求必须装弹簧垫圈和平垫圈，是为了防止拧紧螺母时导线随着螺母滑动，以增加螺母压力，防止螺栓松动。同时也可以增加导线和螺栓的接触面积和散热面积，减小接触电阻，避免线夹在运行中通过负荷电流时过热而造成事故。

2-28 绝缘子的安装要符合哪些要求？

答：（1）绝缘子的电压等级不能低于线路额定电压。绝缘子的泄漏距离应满足线路污秽情况的要求。

（2）绝缘子应光整无损，表面应清洁。

（3）绝缘子串上的穿钉和弹簧销子的穿入方向为：悬垂串两边线向外穿，中性线从脚钉侧穿入；耐张串一律向下穿。

（4）穿钉开的销子必须开口 60°～90°。销子开口后不得有折断、裂纹等现象。禁止用线材代替开口销子。穿钉呈水平方向时，开口销子的开口侧应向下。

2-29 对螺栓的穿向有什么要求？

答：（1）对立体结构：水平方向由内向外，垂直方向由下向上。

（2）对平面结构：

1）顺线路方向，双面构件由内向外，单面构件由送电侧穿入或按统一方向；

2）横线路方向，两侧由内向外，中间由左向右（面向受电侧）或按统一方向；

3）垂直方向，由下向上。

2-30 线路施工中，对开口销或闭口销安装有什么要求？

答：（1）施工中采用的开口销或闭口销不应有折断、裂纹等现象；

（2）采用开口销安装时，应对称开口，开口角度应为30°～60°；

（3）严禁用线材或其他材料代替开口销、闭口销。

第四节 导 线

2-31 导线的作用是什么？10kV 架空配电线路一般采用哪些导线？其型号含义是什么？

答：导线的作用是传导电流输送电能，因此要求具有良好的导电性能及足够的机械强度，并有一定的抗腐蚀性能。10kV 架空配电线路常用的导线种类和型号如下：

（1）铝绞线——LJ-XXX；

（2）普通型钢芯铝绞线——LGJ-XXX、轻型钢芯铝绞线——LGJQ-XXX、加强型——LGJJ-XXX；

（3）铜绞线——TJ-XXX；

（4）铝芯绝缘导线——JKLYJ-XXX；

（5）铜芯绝缘导线——JKYJ-XXX。

2-32 什么是导线的初伸长？在导线架设中如何处理初伸长？

答：架空线路中的导线要承受张力。新导线承受张力后要被拉长，引起永久性的变形（即塑性变形），这就称为导线的"初伸长"。

线路安装时，如果不考虑导线的初伸长，就会使导线在运行中由于被拉长造成弧垂增大，使导线对地或其他交叉跨越设施的垂直距离减小，以致造成事故。所以在紧线时，要人为地把导线弧垂减小一些。各种导线安装时减小弧垂的百分数如下：

钢芯铝绞线为 10%～12%，铝绞线为大于或等于 12%，铜绞线为 7%。

2-33　在哪些情况下，导线损伤应切断重接？

答： 导线损伤属于下列情况之一者，应切断重接。

（1）钢芯铝绞线的钢芯断股。

（2）损伤虽在修补范围内，但长度已超过一补修管的长度。

（3）在同一处损伤的截面积，单金属线超过截面积的 17%，铝绞线超过铝股部分总截面积的 25%。

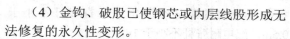

（4）金钩、破股已使钢芯或内层线股形成无法修复的永久性变形。

（5）导线流过短路电流或其他原因，发生热股而丧失原有的机械强度。

2-34 导线连接有几种方法？

答：导线连接有编绕法、钳压接法。

2-35 架空配电线路引流线的连接有哪些要求？

答：（1）铜线可以互相铰接或绕接，所用的绑线应和导线是同一材料。

（2）铝线应使用压接线夹或并沟线夹连接。

（3）铜铝导线的互相连接，应使用铜铝过渡线夹，不可直接连接。

（4）每相跳线与相邻跳线或引下线的距离不小于：10kV 为 0.3m，低压为 0.15m。

2-36 导线在档距内连接有什么要求？

答：（1）在一个档距内每根导线允许有一个接头或三个补修管，其间距不得小于 15m，导线接头或补修管距导线固定点：直线杆不小于 0.5m，配电耐张杆不小于 1m。

（2）在与铁路或电气化铁路，Ⅰ、Ⅱ级公路及城市主要干道，Ⅰ、Ⅱ通信线，主要通航河流交叉跨越档内不得有接头。

（3）不同金属、不同规格、不同绞向的导线，不得在一个耐张段内连接，只允许用专用连接器，在杆塔跳线上连接。

2-37 导线的接头及其部位应符合哪些要求？

答： 为了减少断线事故，保证线路安全供电，在同一档距内，同一根导线只许有一个直线连接管（接头）和三个补修管。补修管之间，补修管与直线连接管之间，以及直线连接管（或补修管）与耐张连接管之间的距离，均不宜小于 15m。直线连接管或补修管与导线固定处的距离应大于 0.5m，当装有预绞丝护线条或防振装置时，应在预绞丝护线条或防振装置以外。

2-38 导线固定应符合哪些要求？

答：（1）直线杆：导线应固定在针式绝缘子或瓷横担（直立式）的顶槽内，水平式瓷横担，导线应固定在端部边槽上。

（2）直线转角杆：导线应固定在针式绝缘子转角外侧的凹槽内。

（3）直线跨越杆：导线应固定在外侧绝缘子上，中相导线应固定在右侧绝缘子（面向电源侧），导线本体不应在固定处出现角度（本规定指的是一横担、每相两绝缘子）。

（4）裸铝导线在绝缘子或线夹上固定时，应缠铝包带，缠绕长度应超出固定部分 30mm。

（5）裸铝导线在蝶形绝缘子上作耐张且采用绑扎方式固定时，其固定部分缠铝包带，50mm² 导线不小于 150mm；70mm² 导线不小于 200mm。

2-39 架空配电线路对建筑物的垂直和水平距离是多少？

答：架空配电线路在最大弧垂对建筑物的垂直距离是：220/380V 为 2.5m，10kV 为 3m。架空配电线路在最大风偏时对建筑物接近部分的水平距离是 220/380V 为 1m，10kV 为 1.5m。

2-40 架空配电线路与城市道路及公路交叉时应满足哪些要求?

答:(1)导线最小截面积,10kV 及以上线路不小于:铜线、钢绞线为 16mm², 铝线为 35mm², 钢芯铝绞线为 25mm²。

(2)两侧用耐张杆或加强直线杆。

(3)杆塔与公路边缘的距离不小于 0.5m。

(4)与一、二级公路或城市一、二级道路交叉时,交叉档内导线不允许有接头。由于跨越高速公路规程尚无规定,跨越高速公路一般按一级公路标准套用。

2-41 架空电力线路相互交叉跨越时有哪些规定?

答:架空电力线路相互跨越时,一般电压高的线路应架设在电压低的线路上方,并不应有导线接头。导线的最小使用截面积:铝绞线和铝合金线为 35mm²,其他导线为 16mm²。允许交叉跨越距离,10kV 为 2m。

2-42 绝缘导线与裸导线相比有哪些特点?

答：（1）减少修剪树木的工作量。

（2）架设方便，灵活性高，并方便带电作业。

（3）架设空间可大大缩小。

（4）减少人身触电、树枝碰线和外来物短路事故，提高供电可靠性。

2-43　绝缘导线的连接处或 T 接处应采取哪些措施？

答： 导线连接后必须进行绝缘处理。绝缘线的全部端头、接头都要进行绝缘护封，不得有导线、接头裸露，防止进水。

承力接头的绝缘处理，在接头处安装辐射交联热收缩管护套或预扩张冷缩绝缘套管（统称为绝缘护套）进行处理，绝缘护套管径一般应为被处理部位接续管的 1.5～2.0 倍。中压绝缘线使用内外两层绝缘护套进行绝缘处理，低压绝缘线使用一层绝缘护套进行处理。有导体屏蔽层的绝缘线的承力接头，应在接续管外面先缠绕一层半导体自黏带和绝缘线的半导体层连接后再进行处理。每圈半导体自黏带间搭压带宽的 1/2。

非承力接头包括跳线、T 接线的接头等接头的裸露部分需进行绝缘处理,安装专用绝缘护罩。绝缘罩不得磨损、划伤,安装位置不得颠倒,有引线的出口要一律向下,需紧固的部位应牢固严密,两端口需绑扎的必须用绝缘自黏带绑扎两层以上。

2-44　绝缘导线在施放紧线中其张力安全系数与裸导线有何区别?

答:绝缘导线的设计安全系数不应小于 3,而钢芯铝绞线的设计安全系数在一般地区不小于 2.5,重要地区不小于 3。铜绞线的设计安全系数一般地区不小于 2,重要地区不小于 2.5。

2-45　绝缘导线在施放过程中应采取哪些措施?

答:架设、施放绝缘导线宜在干燥天气进行。放、紧线过程中,应将绝缘线放在塑料滑轮或套有橡胶护套的铝滑轮内。滑轮直径不应小于绝缘线外径的 12 倍,槽深不小于绝缘线外径的 1.25 倍,槽底部半径不小于 0.75 倍绝缘线外径,轮槽槽倾角为 15°。

放线时，绝缘线不得在地面、杆塔、横担、绝缘子或其他物体上拖拉，以防损伤绝缘层。牵引头宜采用网套牵引绝缘线。

2-46 10kV 等级的绝缘导线与建筑物、树木间的净空距离是多少？

答： 10kV 等级的绝缘导线如需跨越建筑物时，导线与建筑物的垂直距离在最大计算弧垂情况下不应小于 2.5m；线路边线与永久建筑物之间的距离在最大风偏情况下，不应小于 0.75m。

10kV 等级的绝缘导线与树木（考虑自然生长高度）之间的垂直距离应不小于 3m，线路通过公园、绿化区和防护林带，导线与树木的净空距离在风偏情况下不应小于 1m。线路与街道行道树之间的垂直距离在最大弧垂情况下应不小于 0.8m，导线与人行道路之间的水平距离在最大风偏情况下应不小于 1m。

2-47 绝缘导线固定应采取哪些措施？

答： 中压绝缘线直线杆采用针式绝缘子或棒式绝缘子，耐张杆采用两片悬式绝缘子和耐张线夹。

针式或棒式绝缘子的绑孔、直线杆采用顶槽绑扎法；直线角度杆采用边槽绑扎法，绑扎在线路外角侧的边槽上，使用直径不小于 2.5mm 的单股塑料铜线绑扎。

绝缘线与绝缘子接触部分应用绝缘自黏带缠绕，缠绕长度应超过绑扎部位或与绝缘子接触部位两侧各 30mm。

耐张杆采用绝缘导线专用楔型耐张线夹进行固定。没有绝缘衬垫的耐张线夹内的绝缘线宜剥去绝缘层，其长度和线夹等长，误差不大于 5mm。将裸露的铝线芯缠绕铝包带，耐张线夹和悬式绝缘子的球头应安装专用的绝缘护罩罩好。

2-48　绝缘导线发生断线时，应如何进行连接？

答： 绝缘导线发生断线，可采用与裸导线断线同样的方法进行连接。将导线的铝线部分采用压接方式进行连接，其工艺要求与裸导线相同。铝线部分连接好后，外层采用绝缘护套进行处理，不得有导线接头裸露，以防止进水。

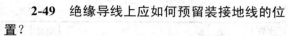

2-49 绝缘导线上应如何预留装接地线的位置?

答:中压绝缘配电线路在联络开关、分段开关两侧,分支杆、耐张杆接头处及配电变压器一、二次侧应设置停电工作接地点,预留装设接地线的位置。

2-50 10kV 架空直线耐张杆(配 LGJ-150 导线)的装配材料有哪些?

答:10kV 架空直线耐张杆(配 LGJ-150 导线)的装配材料如表 2-1 所示。

表 2-1 10kV 架空直线耐张杆

(配 LGJ-150 导线)的装配材料表

序号	名　称	型　号	单位	数量
1	水泥杆	190	根	1
2	单眼顶箍	—70×7 $D=200$	只	1
3	针式绝缘子	P-15T	只	1
4	扁铁包箍	—70×7 $D=205$	副	2
5	螺栓	M18×100	只	2
6	螺栓	M16×100	只	4

序号	名　称	型　号	单位	数量
7	螺栓	M16×50	只	2
8	角钢横担	L70×7×1600	副	1
9	扁铁圆钢包箍	—70×7 ϕ=60　D=205	只	2
10	直角挂板	Z-7	只	4
11	球头挂环	QP-7	只	6
12	悬式绝缘子	XP-7	片	12
13	碗头挂板	W-7B	只	6
14	耐张线夹	NLD-3	只	6
15	跳线线夹	JYT	副	3
16	铝包带	1×10	kg	0.4
17	三眼麻花扁铁	—6×50×250	只	2

第三章 配电设备知识

第一节 配电变压器

3-1 配电变压器铭牌上的技术参数都代表什么含义？

答： 配电变压器一般有如下技术参数，其含义是：

额定容量指变压器在额定电压、额定电流时连续运行所能输送的容量。

额定电压指变压器长时间运行时所能承受的工作电压。

额定电流指变压器在额定容量、额定电压下，允许长期通过的电流。

空载损耗指变压器在额定电压下且二次绕组开路时，铁芯所消耗的功率，空载损耗包括铁芯的励磁损耗和涡流损耗。

短路损耗指变压器二次绕组短路时，一次绕组流过额定电流时，变压器一、二次绕组电阻所消耗的功率。

阻抗电压（％）[也称为短路电压（％）]指变压器二次绕组短路，一次绕组施加电压，并逐渐升高，当二次绕组电流达到二次额定电流值时，一次绕组所加的电压与一次额定电压比值的百分数即为阻抗电压。

3-2　配电变压器的相位是如何规定的？

答：制造厂是这样规定配电变压器的相位：人面对变压器的高压侧套管，从左至右依次是 A、B、C 三相。与高压侧套管相对应，低压侧套管从左到右依次为 a 相、b 相、c 相和中性点 o，将配电变压器接入电网同时应遵从制造厂的规定，并进行核相。

3-3　柱上配电变压器安装有哪些要求？

答：根据设计图纸进行，安装时有下列要求：

（1）台架高度：变压器外壳底部离地面高度要大于或等于 3m。

（2）台架型式：① 采用高低双杆，变压器的长边与线路方向垂直；② 采用等高双杆，变压器长边与线路方向平行，这种型式要注意双杆之间的距离。无论哪种型式，均采用槽钢作横担固定于杆上，变压器就位后，变压器箱盖的下部用螺栓固定于横担上，并与两根杆塔相连。

（3）高压熔断器：安装高度为离地 5m，装于变压器上方的横担上，熔断器上引线与 10kV 线路三相导线连接，下引线与变压器高压侧三相导电杆连接。

（4）高压避雷器：固定于避雷器的横担上，避雷器对横担由支柱绝缘子支撑，避雷器的上方与熔断器的下引线相连，避雷器下部与变压器低压中性线及外壳接地线共同接地。

（5）低压负荷开关：根据变压器容量确定负荷开关的数量，负荷开关装于变压器低压侧的横担上。

3-4 配电变压器低压中性线桩头松动对用户会造成什么危害？

答：配电变压器中性线桩头松动，相当于中性线断线，此时加在用户用电设备上的两端电压将比220V升高（380V按异相的负载大小分配电压）。由于电压的明显升高，将烧毁负荷较轻相上用户的家用电器。

3-5　杆上配电变压器台架装配所需的材料有哪些？

答：杆上配电变压器台架装配所需的材料如表3-1所示。

表3-1　杆上配电变压器台架装配所需材料表

序号	名　称	型　号	单位	数量
1	水泥杆	190	根	2
2	引下线横担	L65×8×2700	套	1
3	熔断器横担	L65×8×2700	套	1
4	避雷器横担	L65×8×2700	套	1
5	框架连接横担	L65×8×2000	套	4
6	低压出线横担	L65×8×2700	套	2
7	低压负荷开关横担	L65×8×2700	套	1
8	负荷开关用连接横担	L65×8×1200	套	2
9	扁钢撑脚	一8×50×900	块	6
10	槽钢	10×2700	块	2

续表

序号	名　称	型　号	单位	数量
11	弯头角钢撑脚	L65×6×1200	块	4
12	扁铁圆钢包箍	—6×50 16D=210	副	2
13	扁铁圆钢包箍	—6×50 16D=255～300	副	6
14	扁铁包箍	—8×65　D=215	副	2
15	扁铁包箍	—8×65　D=260～305	副	4
16	扁铁包箍	—8×65　D=280～335	副	4
17	T型线夹	TY 型	只	3
18	铜铝设备线夹	SLG 型	只	3
19	针式绝缘子	15T	只	8
20	蝶式绝缘子	ED-1	只	8
21	熔断器用三眼扁铁	—6×50×150	块	3
22	避雷器包箍	—6×50　D=120	副	3
23	接地装置		套	1
24	螺栓	M12×40	只	14
25	螺栓	M16×50	只	40
26	螺栓	M16×100	只	20
27	螺栓	M16×120	只	8
28	螺栓	M18×400	只	4
29	铝包带	1×10	kg	0.3
30	铝扎丝	3.2	kg	0.5

序号	名　称	型　号	单位	数量
31	镀锌铁丝	1/40	kg	4
32	铜绞线	TJ-25	kg	3
33	熔断器	PRWC-10	只	3
34	避雷器	YSC-12.5	只	3
35	绝缘线	JKLYJ-50	m	35
36	绝缘线	JKYJ-150	m	90
37	高压熔丝	25～50A	根	3
38	变压器	S11	台	1
39	低压开关（计量）箱		套	2

第二节　柱上开关

3-6　何谓柱上断路器？何谓柱上负荷开关？何谓重合器？

答：柱上断路器：可作为架空配电线路的分段开关，也可作为两条架空配电线路之间的联络开关。断路器可分合正常运行时的负荷电流，当线路发生短路故障时，可开断故障时的短路电流。断路器本身装有电流互感器和自动脱扣器，当通过电流互感器的电流达到动作整定值时，脱扣器动作，断路器分断跳闸。按灭弧及对地绝缘的介质分类，有少油、SF$_6$气体和真空断路器，按操动机构有手动、电动两种操动机构。

柱上负荷开关：它只能分合负荷电流，但可通过短时间重合电流；架空配电线路较长或有支接线路，用负荷开关作分段开关，可提高出口断路器保护的选择性。

重合器是一种自具控制和保护功能的智能化断路器设备，所谓"自具"是指本身具备故障电流检测和操作顺序控制与执行功能，无需附加继电保护装置和提供操作电源。可自动地检测过电流，按预先整定的分断—重合操作顺序和重合间隔，开断故障电流，并自动重合恢复供电。若遇永久性故障，则重合器完成预定操作顺序后，闭锁于分闸位置，将故障线路隔离。

3-7　架空配电线路上装设断路器（或负荷开关）的目的是什么？

答：（1）单条架空配电线路根据线路长度，用户数多少将线路进行分段，一般可分成 3～5 段，装 2～3 台断路器（或负荷开关）。配电线路检修或故障停电时，可缩小停电范围，减少停电的用户数，从而提高用户的供电可靠率。

（2）两条架空配电线路之间加装断路器（或负荷开关），可加强两条线路的联络互供，如其中一条线路的出线断路器检修，造成该线路停电，可合上联络断路器，由另一条线路恢复该线路供电，从而提高用户的供电可靠率。

（3）架空配电线路太长或有支接线路，加装重合器，将线路分段，从而提高出线断路器保护的选择性。

3-8　柱上真空断路器、真空负荷开关、SF₆断路器、重合器型号含义是什么？

答： 断路器的型号通常按如下规律编制：

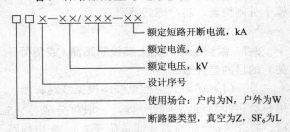

例如：ZW8-12/630-12.5 表示户外真空断路器，设计序号为 8，额定电压为 12kV，额定电流为 630A，额定短路开断电流为 12.5kA。

又如：LW8-12/630-12.5 表示户外 SF₆ 断路器，其他含义与 ZW8-12/630-12.5 含义相同。

负荷开关的型号按以下规律编制：

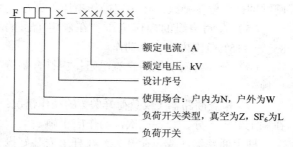

例如：FZW8-12/630 表示户外负荷开关，设计序号为 8，额定电压为 12kV，额定电流为 630A。

3-9 柱上断路器（或负荷开关）安装前要做哪些试验？

答：（1）绝缘电阻：采用 2500V 绝缘电阻表，绝缘电阻不低于 1000MΩ。

（2）工频耐压试验：出厂试验时试验电压为42kV，时间为1min；交接或大修后试验时试验电压为38kV，时间为1min。

（3）导电回路电阻：用直流压降法测量，电流值不小于100A。

（4）合闸时间，分闸时间，三相触头分、合闸同期性，触头弹跳：在额定操作电压下进行。

（5）合闸绕组的操作电压：在额定电压的85%～115%范围内应可靠动作。

（6）分、合闸绕组的直流电阻：应符合制造厂规定。

（7）检查断路器（或负荷开关）的动作情况：在额定电压下分、合各三次，动作应正确。

柱上断路器（或负荷开关）在杆上安装好投运送电前，仍应检查断路器（或负荷开关）分、合闸的完好性。

3-10 户外跌落式熔断器的型号含义是什么？

答：以 HPRWG1-10F（W）/100 型为例，熔断器铭牌的型号字母含义如下：

H——复合绝缘外套；

P——喷射式；

R——熔断器；

W——户外式；

G——改进型；

1——设计序号；

10——额定电压，kV；

F——带切负荷电流的功能；

（W）——防污型；

100——熔断器熔管的额定电流，A。

3-11 如何选择保护配电变压器用跌落式熔断器的额定电流？

答： 跌落式熔断器额定电流的选择分熔管额定电流选择和熔体额定电流选择两部分进行。

跌落式熔断器的额定电流就是指熔断器熔管（熔体）的额定电流，目前国产熔断器的额定电流有 100A 和 200A 两种，其对应的最大开断短路电流值为 6.3kA 和 12.5kA 两种。应根据熔断器所连接的 10kV 线路故障所产生的最大短路电流进行选择，也就是说熔断器的遮断容量应大于其安装地点的短路容量。

跌落式熔断器的熔体额定电流应根据配电变压器高压侧额定电流的大小来选择。当配电变压器的容量小于 100kVA 时，熔体额定电流一般取配电变压器高压侧额定电流的 2～3 倍；当配电变压器的容量大于 100kVA 时，熔体额定电流一般取配电变压器高压侧额定电流的 1.5～2 倍。

10kV 配电变压器高压侧额定电流可按变压器额定容量的 6%计算。

3-12　如何正确安装跌落式熔断器？

答：（1）熔管装上符合要求的熔丝，拉紧熔丝两端的多股铜胶线，通过螺栓分别压在熔管两端动触头的接线端上。

（2）将熔管推入熔断器的上触头，在地面上分合几次仔细检查有否异常。

（3）把熔断器安装于变台的支架上，要求安装高度大于 4.5m，各相熔断器的相间距离不小于 0.5m，熔断器的安装倾斜角为 15°～30°之间。

3-13　跌落式熔断器停、送电的操作顺序有何

要求？

答： 对无风天气，停电时应先拉中相，后拉两边相；送电时先合两边相，后合中相。

对有风天气，停电时应先拉中相，后拉下风相，再拉上风相；送电时应先合上风相，后合下风相，再合中相。

3-14　操作熔断器时，对变压器的负荷电流有何限制？如何限制？

答： 对不带切负荷灭弧装置的户外跌落式熔断器，操作熔断器前，要先测量配电变压器低压侧的电流应不大于 60A 时，方可操作熔断器。超过 60A 时应与用户联系停用部分负荷，对于装有低压断路器的配电变压器可先拉开低压断路器，再操作熔断器。

◢ 第三节　其他配电设备

3-15　氧化锌避雷器铭牌的型号含义是什么？
答： 以 HY5WS-17/50L 型氧化锌避雷器为例，其中：

H——复合绝缘外套；

Y——金属氧化锌避雷器；

5——冲击放电电流为 5kA；

W——无间隙；

S——配电型；

17——避雷器的额定电压 17kV；

50——避雷器的残压 50kV；

L——带脱离装置氧化锌避雷器。

3-16　哪些配电设备应装设避雷器？

答：（1）配电变压器：10kV 侧的避雷器应安装在熔断器与配电变压器之间，尽量靠近配电变压器。在多雷区，在配电变压器低压出线侧也应加装低压避雷器。

（2）柱上断路器（或负荷开关），应在断路器（或负荷开关）两侧加装避雷器。

（3）电缆终端应装设避雷器。

（4）分散装在配电线路上的电容器也应加装避雷器。

3-17　如何安装环网柜？

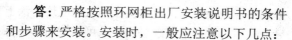

答： 严格按照环网柜出厂安装说明书的条件和步骤来安装。安装时，一般应注意以下几点：

（1）环网柜落点不宜处于地面最低点。

（2）环网柜设备要求平衡起吊，设备基础应垫成水平，箱体固定不应采用点焊，必须应用固定螺栓固定。

（3）接地装置必须按接地规程要求处理，接地电阻小于 4Ω，若达不到要求，必须加装接地体。

（4）环网柜送电前一般情况下应按规程要求进行相关试验，合格后提供相应试验报告。

3-18　如何安装 10kV 电缆分支箱？

答： 严格按照分支箱出厂安装说明书的条件和步骤来安装。安装时，一般应注意以下几点：

（1）分支箱落点不宜处于地面最低点。特别注意分支箱安装高度及下面到电缆沟高度要满足电缆弯曲半径。

（2）分支箱设备要求平衡起吊，设备基础应垫成水平，箱体固定不应采用点焊，必须应用固定螺栓固定。

（3）安装时，应特别注意 Tl 型、T2 型螺杆紧固中应避免滑丝；电缆头在插入前应均匀涂上硅脂；所有半导电屏蔽层均要求可靠接地；各备用出线端子必须加装保护帽。

（4）接地装置必须按接地规程要求处理，接地电阻小于4Ω。若达不到要求，必须加装接地体。

（5）分支箱送电前一般情况下应完成规程上要求的电气试验，合格后提供相应试验报告。

3-19　带电插拔 10kV 电缆分支箱出线应注意哪些安全注意事项？

答： 在带电插拔电缆分支箱出线之前，要正确判断该采用何种插拔方式，肘型头有等电位和带负荷两种插拔方式，在负荷电流200A（截面积为 120mm²）以下可以采用带负荷插拔方式，最多只允许插拔 6 次。

采用等电位插拔方式应切断相应间隔负荷。

插拔时要按照带电作业安全规范来做，保持足够安全距离，用绝缘手套，采用专用的绝缘棒把电缆头拔掉，并在相应位置临时加防护套。

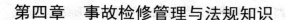

第四章 事故检修管理与法规知识

第一节 事故处理与检修管理

4-1 配电线路事故处理有哪些要求？

答：（1）配电线路发生故障或异常现象，应迅速组织人员（包括用电监察人员），对该线路以及从该线路受电的高压用户设备进行全面巡查，尽快查出事故地点和原因，消除事故根源，清除事故隐患、防止扩大事故。

（2）采取措施防止行人接近故障导线和设备避免发生人身事故。

（3）尽量缩小事故停电范围，减少事故损失。迅速恢复供电。中性点不接地系统发生永久性故障时可用柱上断路器（或负荷开关）或其他设备分段选出故障段。线路上的熔断器熔丝熔断或断路器掉闸后，不得盲目试送，必须详细检查线路和有关设备，确认无问题后方可恢复送电。

（4）线路发生事故，抢修后不得低于原有线路的技术标准，绝缘线路应保持原有绝缘水平。

4-2　平时应做好哪些事故抢修的准备工作？

答：（1）运行单位应建立事故抢修组织和有效的联系办法，晚间抢修需有足够的照明。

（2）运行单位应备有一定数量的物资、器材、工具作为事故抢修用品，事故备品应有标志，并有专人保管。

（3）运行单位应编制抢修人员住宿地址、通信一览表，事故巡视分组表。

4-3　当 10kV 绝缘导线发生一相断线，为何系统有时无反应，应如何处理？

答：（1）巡线人员若发现导线断落地面或悬挂空中，由于导体缩在绝缘层内部，所以接地点无火花，系统无接地信号，巡线人员应设法防止行人靠近断线地点 8m 以内。

（2）迅速报告领导，等候处理。

4-4 杆塔上作业应做好哪些安全措施？

答：（1）核对所登杆塔线路名称、杆号、分色标志。

（2）上杆前应检查杆根是否牢固，新立杆基未牢固以前，严禁攀登；遇有冲刷、起土、上拔的电杆，应先培土加固，或打临时拉绳后再行登杆。凡松动导、拉线的电杆，应先检查杆根，并拉好临时拉线后，再行上杆。

（3）上杆前应先检查登杆工具，如脚扣、升降板、安全带、梯子等是否完整牢靠。

（4）攀登铁塔爬梯时，应先检查爬梯是否牢固。

（5）在杆塔上工作时，必须使用安全带，安全带应系在电杆及牢固的构件上，应防止安全带从杆顶脱出，系安全带后，必须检查扣环是否扣牢。杆上作业转位时，不得失去安全带保护。

（6）使用梯子时，要有人扶持或绑牢。

（7）上横担时，应检查横担腐朽、锈蚀情况，检查时安全带应系在主杆上。

（8）现场人员应戴安全帽。杆上人员应防止掉东西，使用工具、材料应用绳索传递，不得乱扔，杆下应防止行人逗留。

4-5　何谓配电线路的状态检修？

答：随着配电线路的日益增加及运行维护人员的减少，供电企业对于处于运行状态的配电线路，通过采取在线检测手段，并参考根据历年运行经验及电气试验结果，以便准确把握配电线路运行状况，对存在缺陷的配电线路、设备采取的一种维护形式。

4-6　阐述如何组织进行事故的抢修。

答：组织事故抢修工作一般有以下内容：

（1）组织人员进行现场勘察，并做好记录；

（2）确定事故抢修方案，准备抢修人员、材料及工具；

（3）开具电力线路事故应急抢修单，办理许可手续，做好现场安全措施；

（4）工作前对工作班成员进行危险点告知、交代安全措施和技术措施，并确认每一个工作班成员都已知晓；

（5）正确安全地进行事故的抢修工作；

（6）抢修工作完成后检查抢修质量是否符合要求，杆上有无人员及遗留物；

（7）收工汇报，恢复送电。

4-7　10kV 架空配电线路发生的各种故障或异常应如何组织处理？

答：（1）10kV 配电线路发生故障或异常现象，应迅速组织人员（包括用电监察人员）对该线路和与其相连接的高压用户设备进行全面巡查，直至故障点查出为止。

（2）线路上的熔断器或柱上断路器掉闸时，不得盲目试送，必须详细检查线路和有关设备，确无问题后，方可恢复送电。

（3）中性点不接地系统发生永久性接地故障时，可用柱上断路器（或负荷开关）或其他设备分段选出故障段。

（4）变压器一、二次熔丝熔断按如下规定处理：

1）一次熔丝熔断时，必须详细检查高压设备及变压器，无问题后方可送电；

2）二次熔丝（片）熔断时，首先查明熔断器接触是否良好，然后检查低压线路，无问题后方可送电，送电后立即测量负荷电流，判明是否运行正常。

（5）变压器、断路器发生事故，有冒油、冒烟或外壳过热现象时，应断开电源并待冷却后处理。

（6）事故巡查人员应将事故现场状况和经过做好记录（人身事故还应记录触电部位、原因、抢救情况等），并收集引起设备故障的一切部件，加以妥善保管，作为分析事故的依据。

第二节 电力法规与优质服务

4-8 农电"反六不"活动内容是什么？

答： 反电气作业不办工作票、反作业前不交底、反施工现场不监护、反电气作业不停电、反不验电、反工作地段两端不装设接地线。

4-9 农电"三防十要"反事故措施是什么？

答： 防止触电伤害、防止高空坠落、防止倒（断）杆伤害。工作前要勘察施工现场，提前进行危险点分析与预控；检修、施工要使用工作票，作业前现场进行安全交底；施工现场要设专人监护，严把现场安全关；电气作业要先进行停电，验明无电后即装设接地线；高空作业要戴好安全帽，脚扣登杆全过程系安全带；梯子登高要有专人扶守，必须采取防滑、限高措施；人工立杆要使用抱杆，必须由专人进行统一指挥；撤杆撤线要先检查杆根，必须加设临时拉线或晃绳；交通要道施工要双向设置警示标志，并设专人看守；放、撤线邻近或跨越带电线路要使用绝缘牵引绳。

4-10　危害电力线路设施的行为有哪些？

答：（1）向电力线路设施射击；

（2）向导线抛掷物体；

（3）在架空电力线路导线两侧各 300m 的区域内放风筝；

（4）擅自在导线上接用电器设备；

（5）擅自攀登杆塔或在杆塔上架设电力线、通信线、广播线，安装广播喇叭；

（6）利用杆塔、拉线作起重牵引地锚；

（7）在杆塔、拉线上拴牲畜、悬挂物体、攀

附农作物;

（8）在杆塔、拉线基础的规定范围内取土、打桩、钻探、开挖或倾倒酸、碱、盐及其他有害化学物品;

（9）在杆塔内（不含杆塔与杆塔之间）或杆塔与拉线之间修筑道路;

（10）拆卸杆塔或拉线上的器材，移动、损坏永久性标志或标志牌;

（11）其他危害电力线路设施的行为。

4-11 电力线路保护区范围如何确定?

答：（1）架空电力线路保护区：导线边线向外水平延伸并垂直于地面所形成的两平行面内的区域，在一般地区域 1～10kV 导线的边线延伸距离为 5m。在厂矿、城镇等人口密集地区，架空电力线路保护区的区域可略小于上述规定。但各级电压导线边线延伸的距离，不应小于导线边线在最大计算弧垂及最大计算风偏后的水平距离和风偏后距建筑物的安全距离之和。

（2）电力电缆线路保护区：地下电缆为电缆线路地面标桩两侧各 0.75m 所形成的两平行线内

的区域；海底电缆一般为线路两侧各 2 海里（港内为两侧各 100m），江河电缆一般不小于线路两侧各 100m（中、小河流一般不小于各 50m）所形成的两平行线内的水域。

4-12 国家电网公司员工服务"十个不准"的内容是什么？

答：（1）不准违反规定停电、无故拖延送电。

（2）不准自立收费项目、擅自更改收费标准。

（3）不准为客户指定设计、施工、供货单位。

（4）不准对客户投诉、咨询推诿塞责。

（5）不准为亲友用电牟取私利。

（6）不准对外泄露客户的商业秘密。

（7）不准收受客户礼品、礼金、有价证券。

（8）不准接受客户组织的宴请、旅游和娱乐活动。

（9）不准工作时间饮酒。

（10）不准利用工作之便牟取其他不正当利益。

4-13 国家电网公司"三公"调度"十项措

"施"是什么？

答：（1）坚持依法公开、公平、公正调度，保障电力系统安全稳定运行；

（2）遵守《电力监管条例》，每季度向有关电力监管机构报告"三公"调度工作情况；

（3）颁布《国家电网公司"三公"调度工作管理规定》，规范"三公"调度管理；

（4）严格执行购售电合同及并网调度协议，科学合理安排运行方式；

（5）统一规范调度信息发布内容、形式和周期，每月10日统一更新网站信息；

（6）建立问询答复制度，对并网发电厂提出的问询必须在10个工作日内予以答复；

（7）完善网厂联系制度，每年至少召开两次网厂联席会议；

（8）聘请"三公"调度监督员，建立外部监督机制；

（9）建立责任制，严格监督检查，将"三公"调度作为评价调度机构工作的重要内容；

（10）严肃"三公"调度工作纪律，严格执行《国家电网公司电力调度机构工作人员"五不准"

规定》。

4-14 国家电网公司的供电服务"十项承诺"内容是什么？

答：（1）城市地区：供电可靠率不低于99.99%，居民客户端电压合格率 96%；农村地区：供电可靠率和居民客户端电压合格率，经国家电网公司核定后，由各省（自治区、直辖市）电力公司公布承诺指标。

（2）供电营业场所公开电价、收费标准和服务程序。

（3）供电方案答复期限：居民客户不超过 3 个工作日，低压电力客户不超过 7 个工作日，高压单电源客户不超过 15 个工作日，高压双电源客户不超过 30 个工作日。

（4）城乡居民客户向供电企业申请用电，受电装置检验合格并办理相关手续后，3 个工作日内送电。

（5）非居民客户向供电企业申请用电，受电工程验收合格并办理相关手续手，5 个工作日内送电。

（6）当电力供应不足，不能保证连续供电时，严格执行政府批准的限电序位。

（7）供电设施计划检修停电，提前 7 天向社会公告。

（8）提供 24h 电力故障报修服务，供电抢修人员到达现场的时间一般不超过：城区范围 45min；农村地区 90min；特殊边远地区 2h。

（9）客户欠电费需依法采取停电措施的，提前 7 天送达停电通知书。

（10）电力服务热线"95598"24h 受理业务咨询、信息查询、服务投诉和电力故障保修。

4-15　农电服务"八个强化、八个严禁"工作规定指的是什么？

答：为强化服务观念、服务意识和工作作风建设，进一步提升农电优质服务水平，公司制定了农电服务"八个强化、八个严禁"工作规定，其具体内容如下：

（1）强化大局服务意识，严禁失职渎职、作风飘浮。

（2）强化制度执行考核，严禁有章不特、职责缺失。

（3）强化服务行为监督，严禁态度鲁莽、做事敷衍。

（4）强化服务承诺兑现，不禁虚假浮夸、失信客户。

（5）强化电费电价管理，严禁搭车收费、牟取私利。

（6）强化停电流程控制，严禁随意下令、擅自操作。

（7）强化服务品牌宣传，严禁破坏形象、损害声誉。

（8）强化应急事件处理，严禁拖延隐瞒、推诿塞责。

4-16 **《农村供电营业规范化服务窗口标准》中的便民服务措施是什么？**

答：（1）供电营业窗口实行无周休日工作制度，"95598" 客户服务电话及电力故障报修实行 24h 不间断服务。

（2）有便民服务制度，建立特殊客户服务档案，对确有需要的军烈属、残疾人和孤寡老人提供上门服务。

（3）营业场所设立咨询台，设有专人负责客户咨询接待工作。有条件的，应设置电费自助查询系统，为客户提供方便快捷的服务。

（4）居民办理交费业务的高峰期要适当增设收费窗口，缩短收费时间。

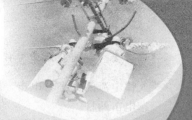

第二篇

配电线路带电作业专业知识

第五章 带电作业基本原理与作业方法

第一节 带电作业基本原理

5-1 人体电阻的大小与哪些因素有关？

答： 人体电阻的大小与所加电压的大小、频率的高低、电流持续时间的长短、接触压力的大小、皮肤湿度和温度的高低有关，一般来说，电压越大、频率越高、电流持续时间越长、接触压力越大、皮肤湿度和温度越高，人体的电阻就越小。人体电阻通常可按 1000Ω 估算。

5-2 电击对人体的损伤主要可分为哪几种？

答： 电击对人体伤害的主要因素是电流流经

人体电流的大小。电击一般可分为暂态电击和稳态电击两种。

　　暂态电击是人接触电场中对地绝缘的导体瞬间，积累在导体上的电荷以火花放电的形式通过人体对地突然放电。此时流经人体的电流是一频率很高的电流，且电流的变化非常复杂，通常都以火花放电的能量来衡量其对人体产生的危害程度的。

　　人体对工频稳态电流的生理反应可以分为感知、震惊、摆脱、呼吸痉挛和心室纤维颤动。心室纤维颤动是电击引起人死亡的主要原因，但超过摆脱电流的限值也会致人死亡。

　　引起心室纤维颤动电流的限值为100mA，摆脱电流的限值男性为10mA、女性为10.5mA。

5-3　带电作业过程中，作业人员所处的电极结构有哪几种？

　　答：带电作业过程中，作业人员所处的电极结构有导线→人与横担、导线→人与构架、导线与人→横担、导线与人→导线等几种，它们形成的电场均为极不均匀电场。

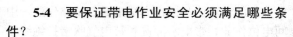

5-4　要保证带电作业安全必须满足哪些条件？

答：要保证带电作业安全，作业过程中必须做到不仅使作业人员没有触电受伤的危险，而且还要使作业人员没有任何不舒服的感觉。要达到上述要求，就必须满足以下条件：

（1）流经人体的电流不超过人体的感知水平1mA；

（2）人体表面的局部电场强度不超过人体的感知水平240kV/m；

（3）与带电体保持规定的安全距离。

5-5　按作业人员与带电体的相对位置来分，带电作业方式分为哪几种？

答：按作业人员与带电体的相对位置来分，带电作业方式分为间接作业与直接作业两种方式。

5-6　何谓间接作业？

答：间接作业是作业人员不直接接触带电体，保持一定的安全距离，利用绝缘工具操作高压带电部件的作业。从操作方法来看，检测作业、中间电位作业、带电水冲洗和带电气吹清扫绝缘子等都属于间接作业。间接作业也称为距离作业。

5-7　何谓直接作业？

答：直接作业也称为徒手作业或自由作业。在送电线路带电作业中，它是作业人员穿戴全套屏蔽防护用具，借助绝缘工具进入带电体，人体与带电体处于同一电位，对带电体直接进行作业。它对防护用具的要求是越导电越好；在配电线路带电作业中，作业人员穿戴全套绝缘防护用具直接对带电体进行作业。虽然与带电体之间无间隙距离，但人体与带电体是通过绝缘用具隔离开来，人体与带电体不是同一电位，对防护用具的要求是越绝缘越好。

5-8　按作业人员所处的电位来划分，带电作业方式分为哪几种？

答：按作业人员所处的电位来划分，带电作业方式可分为地电位作业、中间电位作业、等电位作业三种方式。

5-9 什么是地电位作业？

答：地电位作业是作业人员保持人体与大地（或杆塔）同一电位，通过绝缘工具接触带电体的作业。这时人体与带电体关系是：地（杆塔）人→绝缘工具→带电体。

5-10 什么是等电位作业？

答：等电位作业是作业人员保持与带电体（导线）同一电位，此时，人体与带电体的关系是：带电体（人体）→绝缘体→大地（杆塔）。

5-11 什么是中间电位作业？

答：中间电位作业是在地电位法和等电位法不便采用的情况下，介于两者之间的一种作业方法。此时人体的电位是介于地电位和带电体电位之间的某一悬浮电位，它要求作业人员既要保持对带电体有一定的距离，又要保持对地有一定的距离。这时，人体与带电体的关系是：大地（杆塔）→绝缘体→人体→绝缘工具→带电体。

5-12 按采用的绝缘工具来划分，带电作业

方式分为哪几种？

答：根据作业人员采用的绝缘工具来划分，带电作业方式可以分为绝缘杆作业法、绝缘手套作业法等。

5-13　作图说明地电位作业、中间电位作业、等电位作业三种作业方式的电位分布区别。

地电位作业、中间电位作业、等电位作业三种作业方式的电位分布示意如图 5-1 所示。

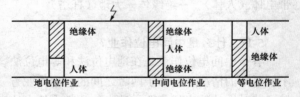

图 5-1　三种作业方式的电位分布示意图

5-14　地电位作业的基本工作原理是什么？

答：地电位作业的位置示意图及等效电路如图 5-2 所示。作业人员位于地面或杆塔上，人体电位与大地（杆塔）保持同一电位。此时通过人体的电流有两条回路：① 带电体→绝缘操作杆（或其他工具）→人体→大地，构成电阻回路；
② 带电体→空气间隙→人体→大地，构成电容电
流回路。这两个回路电流都经过人体流入大地（杆
塔）。

在应用地电位作业方式时，只要人体与带电
体保持足够的安全距离，且采用绝缘性能良好的
工具进行作业，通过工具的泄漏电流和电容电流
都非常小（微安级），远远小于人体电流的感知值
1mA。这样小的电流对人体毫无影响，足以保证
作业人员的安全。

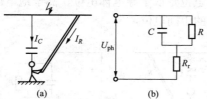

图 5-2 地电位作业的位置示意图及等效电路

（a）位置示意图；（b）等效电路

5-15 采用地电位作业时应注意什么？

答： 地电位作业时，绝缘工具的性能直接关
系到作业人员的安全，如果绝缘工具表面脏污，

第二篇　配电线路带电作业专业知识

或者内外表面受潮，或安全距离不足，泄漏电流
将急剧增加。当增加到人体的感知电流以上时，
就会出现麻电甚至触电事故。因此在使用时应特
别保持工具表面干燥清洁和足够的安全距离，并
注意妥当保管防止受潮。

5-16　中间电位作业的基本原理是什么？

　答：中间电位作业的位置示意图及等效电路
如图 5-3 所示。当作业人员站在绝缘梯上或绝缘
平台上，用绝缘杆进行的作业即属中间电位作业，
此时人体电位是低于导电体电位、高于地电位的
某一悬浮的中间电位。

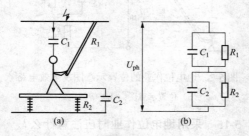

图 5-3　中间电位作业的位置示意图及等效电路

（a）位置示意图；（b）等效电路

　　一般来说，只要绝缘操作工具和绝缘平台的绝缘水平满足规定、两段空气间隙达到规定的作业间隙，即可将通过人体的电容电流限制到 1mA 以下的微安级水平，足以保证作业人员的安全。

5-17　采用中间电位作业时应注意什么事项？

　　答：在采用中间电位作业时，带电体对地电压由组合间隙共同承受，人体电位是一悬浮电位，与带电体和接地体是有电位差的，在作业过程中应注意：

　　（1）地面作业人员是不允许直接用手向中间电位作业人员传递物品的。这是因为：① 若直接接触或传递金属工具，由于两者之间的电位差，将可能出现静电电击现象；② 若地面作业人员直接接触中间电位人员，相当于短接了绝缘平台，使绝缘平台的电阻和人与地之间的电容趋于零，不仅可能使泄漏电流急剧增大，而且因组合间隙变为单间隙，有可能发生空气间隙击穿，导致作业人员电击伤亡。

　　（2）当系统电压较高时，空间场强较高，中间电位作业人员应穿屏蔽服，避免因场强过大引起人的不适感。但在配电线路带电作业中，由于空间场强低，且配电系统电力设施密集，空间作业间隙小，作业人员不允许穿屏蔽服，而应穿绝缘服进行作业。

（3）绝缘平台和绝缘杆应定期检验，保持良好的绝缘性能，其有效绝缘长度应满足相应电压等级规定的要求，其组合间隙一般应比相应电压等级的单间隙大 20%左右。

5-18　等电位作业的基本原理是什么？

答： 由电造成人体有麻电感甚至死亡的原因，不在于人体所处电位的高低，而取决于流经人体的电流的大小。根据欧姆定律，当人体不同时接触有电位差的物体时，人体中就没有电流通过。从理论上讲，与带电体等电位的作业人员全身是同一电位，流经人体的电流为零，所以等电位作业是安全的。

采用等电位作业时，作业人员进入等电位和脱离等电位都应动作迅速，因此，等电位过渡的时间是非常短的，当人手与导线握紧之后，大约

经过零点几微秒,冲击电流就衰减到最大值的 1%
以下，等电位进入稳态阶段。当人体与带电体等
电位后，即使人体有两点与该带电导线接触，由
于两点之间的电压降很小，流过人体的电流是微
安级的水平，人体无任何不适感。因此，等电位
作业是安全的。

5-19　采用等电位作业时，应注意什么事项？

答：(1) 作业人员借助某一绝缘工具（硬梯、
软梯、吊篮、吊杆等）进入高电位时，该绝缘工
具应性能良好且保持与相应电压等级相适应的有
效绝缘长度，使通过人体的泄露电流控制在微安
级的水平。

(2) 其组合间隙的长度必须满足相关规程及
标准的规定，使放电概率控制在 10^{-5} 以下。

(3) 在进入或脱离等电位时，要防止暂态
冲击电流对人体的影响。因此，在等电位作业
中，作业人员必须穿戴全套屏蔽用具，实施安
全防护。

第二节 配电线路带电作业的特点

5-20 带电作业与停电作业比较有哪些优越性?

答:(1)提高电力工业自身和整个社会生产活动的经济效益。体现为电力部门多卖电,工业用户多创产值,城镇居民用户提高生活质量等方面。

(2)及时消除事故隐患,提高供电可靠性。由于缩短了设备带病运行时间,减少甚至避免了事故停电,提高设备全年供电小时数。

(3)检修工作不受时间约束,提高工时利用率。停电作业必须提前数日集中人力、物力、运力,有效工时的比重很少;带电作业既可随时安排,又可计划安排,增加了有效工时。

(4)促进检修工艺技术进步,提高检修工效。带电作业需要优良工具和优化流程,促使检修技术不断提升和完善。

(5)避免误操作、误登有电设备的事故。误操作事故发生在复杂的倒闸操作中,误登有电设

124

备触电事故发生在多回线一回停电的作业中，带电作业不存在此类事故发生的温床。

5-21 带电作业可以取得哪些效益？是否可以计算？

答： 带电作业取得的效益包括直接效益和间接效益两个层面，前者由电力企业获取，后者由全社会获取。

直接效益由多供电量和减少线损电量两部分构成，它们都是可以精确计算的。

间接效益也称为社会效益，由可计算和难计算两部分组成。一般认为，可计算的社会效益是直接效益的 60～80 倍；难计算的效益是指减少了因停电在政治层面、社会生活质量等方面带来的负面影响。

5-22 带电作业能够完成哪些类型的工作？

答： 带电作业通常可完成三种类型工作：

（1）直接在带电设备上完成包括消除缺陷、修复设备等方面的工作（如处理导线断股、更换各类绝缘子、拆装避雷器等）。

（2）用带电作业方法将一段线路退出运行，在停电状态下完成预期检修工作（例如，并联运行开关、切断空载线路，在停电状态下完成开关、线路的常规检修工作）。

（3）在临近带电设备的无电设备上完成检修、施工工作（如更换架空地线、跨越带电线路架设导、地线等）。

5-23　配电线路带电作业主要采用哪些作业方法？

答：（1）绝缘杆作业法。绝缘杆作业法既可在登杆作业中采用，也可在斗臂车的工作斗或其他绝缘平台上采用。

（2）绝缘手套作业法。绝缘手套作业法即可在绝缘斗臂车上采用，也可在其他绝缘设施（人字梯、靠梯、操作平台等）上进行。

5-24　什么是绝缘杆作业法？

答：绝缘杆作业法是作业人员与带电体保持《电业安全工作规程（电力线路部分）》（DL 409—1991）规定的安全距离，通过绝缘工具进行作业的方式。作业人员戴绝缘手套并穿绝缘靴。在作业范围窄小或线路多回架设，作业人员有可能触及不同电位的电力设施时，作业人员应穿戴全套绝缘防护用具，对带电体进行绝缘遮蔽。此时人体电位与大地（杆塔）并不是同一电位，因此不应混称为地电位作业法。

5-25　什么是绝缘手套作业法？

答：绝缘手套作业法是指作业人员借助绝缘斗臂车或其他绝缘设施（人字梯、靠梯、操作平台等）与大地绝缘并直接接近带电体，作业人员穿戴全套绝缘防护用具，与周围物体保持绝缘隔离，通过绝缘手套对带电体进行检修和维护的作业方式。采用绝缘手套作业法时，无论作业人员与接地体和相邻的空气间隙是否满足《电业安全工作规程（电力线路部分）》（DL 409—1991）规定的作业距离，作业前均需对作业范围内的带电体和接地体进行绝缘遮蔽。在作业范围窄小、电气设备密集处，为保证作业人员对相邻带电体和接地体的有效隔离，在适当位置还应装设绝缘隔板等限制作业者的活动范围。在配电线路的带电作业中,不允许作业人员穿戴屏蔽服和导电手套,采用等电位方式进行作业,绝缘手套法也不应混淆为等电位作业法。

5-26 配电线路带电作业与高压送电线路带电作业在作业原理和安全防护方面有什么区别?

答: 在高压输电线路的带电作业中,空间电场强度高、作业间隙大,作业人员穿屏蔽服进入高电位并采用等电位作业法进行检修和维护是一种安全、便利的作业方式。因此在高压输电线路的带电作业安全防护中主要是解决强电场对作业人员的安全威胁问题,作业中作业人员越导电越好。

在配电线路的带电作业中,由于配电网络的电压低,电场强度低,三相导线之间的空间距离小,而且配电设施密集,使作业范围小,在人体活动范围内很容易触及不同电位的电力设施。因此,配电网的带电作业中,要解决的是相间短路和对地短路对作业人员的安全威胁,作业中作业人员越绝缘越好。

5-27 为什么在配电线路带电作业中作业人员禁止穿屏蔽服进行作业？

答：在配电线路的带电作业中，由于配电网络的电压低，电场强度低，三相导线之间的空间距离小，而且配电设施密集，使作业范围小，在人体活动范围内很容易触及不同电位的电力设施，一旦出现带电体没遮盖或遮盖不全且作业人员动作幅度大，造成相对地短路或同时接触两相带电体时，较大的短路电流将通过屏蔽服，不仅造成设备短路，而且会因短路电流超过屏蔽服的通流能量（Ⅰ型为5A，Ⅱ型为30A），直接造成人员伤亡。所以，在配电网的带电作业中，不应穿屏蔽服进行等电位作业，而应穿绝缘服进行作业。

5-28 采用绝缘杆作业法时，其绝缘防护是如何设置的？

答：绝缘杆作业法是作业人员通过登杆工具登杆至适当位置，系上安全带，保持与带电体足够的安全距离，作业人员采用端部装配有不同工具附件的绝缘杆进行的作业。

采用绝缘杆作业法时，一是以绝缘工具、绝

缘手套、绝缘靴组成带电体与地之间的纵向绝缘；二是在相与相之间，以空气间隙、绝缘遮蔽罩组成横向绝缘。

纵向绝缘中，绝缘工具是主要绝缘，绝缘手套、绝缘靴是辅助绝缘。

横向绝缘中，空气间隙是主要绝缘，绝缘遮蔽罩是辅助绝缘。

5-29 在绝缘平台或绝缘梯上采用绝缘杆作业法时，其绝缘防护是如何设置的？

答： 在绝缘人字梯、独脚梯等绝缘平台上，作业人员采用绝缘杆作业法（间接作业）时，在相与地之间绝缘梯与绝缘工具形成的组合绝缘起主绝缘作用，绝缘手套、绝缘靴起辅助绝缘作用；在相与相之间空气间隙起主绝缘作用，绝缘遮蔽罩形成相间后备防护，是辅助绝缘。

5-30 在绝缘平台或绝缘梯上采用绝缘手套作业法时，其绝缘防护是如何设置的？

答： 在相与地之间，绝缘平台或绝缘梯起主绝缘作用，绝缘手套、绝缘靴起辅助绝缘作用。

绝缘遮蔽罩及全套绝缘防护用具（绝缘手套、绝缘袖套、绝缘服、绝缘安全帽）防止作业人员偶然同时触及带电体和接地构件造成电击，形成后备防护。在相与相之间，空气间隙为主绝缘，绝缘遮蔽罩起辅助绝缘隔离作用，作业人员穿着全套绝缘防护用具，形成最后一道防线，防止作业人员偶然触及两相导线造成电击。

5-31 在绝缘斗臂车上采用绝缘杆作业法时，其绝缘防护是如何设置的？

答：在绝缘斗臂车上采用绝缘杆作业法时，在相与地之间，绝缘工具和绝缘斗臂形成组合绝缘，其中绝缘斗臂车的臂起到主绝缘作用，绝缘工具和绝缘手套、绝缘靴起辅助绝缘作用。在相与相之间，空气间隙起到主绝缘作用，绝缘手套、绝缘靴、绝缘服起辅助绝缘作用。绝缘遮蔽罩形成相间后备防护。

5-32 在绝缘斗臂车上采用绝缘手套作业法时，其绝缘防护是如何设置的？

答：在绝缘斗臂车上采用绝缘手套作业法时，

在相—地之间，绝缘臂起主绝缘作用，绝缘斗、绝缘手套、绝缘靴、绝缘服起到辅助绝缘作用。在相—相之间，空气间隙起主绝缘作用，绝缘遮蔽罩及全套绝缘防护用具（手套、袖套、绝缘服、绝缘安全帽）可防止作业人员偶然触及两相导线造成电击。

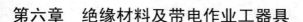
第六章 绝缘材料及带电作业工器具

第一节 带电作业用绝缘材料

6-1 绝缘材料的耐热等级分哪几级？

答：按电气设备运行所允许的最高工作温度即耐热等级，国际电工委员会（IEC）将绝缘材料分为 Y、A、E、B、F、H、C 七个等级，其允许工作温度分别为 90、105、120、130、155、180℃及 180℃以上。

6-2 带电作业中所使用的绝缘材料有哪几类？

答：（1）绝缘板材，包括：3240 环氧酚醛玻璃布板、聚氯乙烯板、聚乙烯板等；

（2）绝缘管材，包括：3640 环氧酚醛玻璃布管、带或丝卷制品等；

（3）薄膜，包括：聚氯乙烯、聚乙烯、聚丙烯、聚拢脂等塑料薄膜；

（4）绝缘绳索，包括：尼龙绳、锦纶绳和蚕丝绳等；

（5）其他，包括：绝缘油、绝缘漆、绝缘黏合剂等。

6-3　绝缘材料的电气性能指标有哪些？

答： 绝缘材料的电气性能指标有绝缘电阻、介质损耗和绝缘强度三个指标。

6-4　什么是绝缘材料的绝缘电阻？

答： 绝缘材料在恒定的电压作用下，总有一微小的泄漏电流通过。我们把所加电压与泄漏电流的比值称为绝缘电阻。绝缘电阻的大小与所加电压的时间有关。通常把持续加压 60s 时的绝缘电阻作业绝缘材料的绝缘电阻值。绝缘材料必须有很大的绝缘电阻。

6-5　什么是绝缘材料的介质损耗？

答： 绝缘材料在恒定的电压下，单位时间内发热所消耗的电能称为介质损耗。介质损耗是由于泄漏电流流经绝缘体时所产生的功率损耗。因此，介质损耗也反映了绝缘材料的绝缘性能。

由于介质损耗的存在，泄漏电流的相量超前于电压相量 θ 角，我们把 $90° - \theta$ 所得的角度 δ 称为介质损耗角。通常用 $\tan\delta$ 来表示介质损耗的大小。$\tan\delta$ 越大，介质损耗就越大。带电作业用的绝缘工具应采用 $\tan\delta$ 小的绝缘材料制造。

6-6 什么是绝缘材料的绝缘强度？

答：绝缘材料在电场作用下，由于极化、泄漏电流及高电场区局部放电所产生的热量的作用下，当电场强度超过某数值时，就会在绝缘材料中形成导电通道使绝缘破坏，这种现象称为绝缘击穿。绝缘被击穿瞬间所施加的最高电压，称为绝缘材料的击穿电压。绝缘材料抵抗电击穿的能力称为击穿强度或绝缘强度。

6-7 什么是绝缘材料的闪络电压和耐受电压？

答：绝缘材料在电场作用下尚未发生绝缘结构的击穿，而在其表面或与电极接触的空气中发生了放电现象，这种现象称为绝缘材料的闪络，此时的电压称为表面放电电压或闪络电压。

绝缘材料在一定的电压作用下和规定的时间内，绝缘层没有发生击穿现象的电压值称为耐受电压。

6-8 何为绝缘材料的机械性能？

答：绝缘材料（绝缘工器具）在承受机械负荷的作用时所表现出的抵抗能力，总称为机械性能。带电作业所使用的各类绝缘工器具在受到拉、压、弯曲、扭转、剪切等力的作用时，都将会使其产生变形、磨损，甚至断裂。因此，用于制作各类带电作业工器具的绝缘材料，必须具有足够的抗拉、抗压、抗弯曲、抗剪切、抗冲击的强度和一定的硬度与塑性，特别是抗拉和抗弯性能，在带电作业工具中要求更高。

6-9 何为绝缘材料的工艺性能？

答：绝缘材料的工艺性能主要是指机械加工性能，比如锯割、钻孔、车丝、抛光等。我国目前所使用的各类带电作业绝缘工器具没有统一标准，多数为自制或根据现场需要研制的。所以，制作带电作业工器具所使用的固体绝缘材料必须具有良好的机械加工性能。

6-10 何为绝缘材料的吸湿性能？

答： 水的分子尺寸（直径 0.5×10^{-9}mm）和黏度都很小，能透入各种绝缘材料的裂纹、毛细孔。因此，绝缘材料的内部和表面或多或少都有水分，水分的存在将使绝缘材料的性能大为恶化。因此，绝缘材料的吸湿性应引起足够的重视。

一般用吸水率指标表示材料吸水性高低，它表示材料放在（20±5）℃的蒸馏水中，24h 后材料质量增加的百分数。

6-11 何为绝缘材料的吸水性及表面憎水性？

答： 吸水性表示绝缘材料放在温度（20±5）℃的蒸馏水中，经过若干时间（一般为 24h）后材料质量增加的百分数。绝缘材料吸收水分后绝缘电阻降低、介质损耗增大、绝缘强度降低。因此，带电作业使用的绝缘材料，吸水性越低越好。而且，要使用专用库房及运输设备，严禁受潮后使用。如若受潮，则必须重新作耐压试验及拉力试验。绝缘材料的受潮大多是吸收了空气中的水分所致。

所谓绝缘材料的表面憎水性能，即为各类固体绝缘材料在受到环境中的水分作用时，在其表面产生或凝结成许多小水珠，而不被材料内部所吸收的能力。

第二节 带电作业用工器具

6-12 带电作业用承力工具的选材原则是什么？

答：（1）用于承力工具的层压绝缘材料，其纵向和横向都应具有较高的抗张强度，但横向强度可略低于纵向，两者之比可控制在 1.5：1 以内。

（2）用于承力工具的绝缘材料，应具有较好的纵向机械加工和接续性能，在连接方式确定后，材料应具有相应的抗剪、抗挤压及抗冲击强度。

（3）绝缘承力部件只能选用纵向有纤维骨架

（玻璃纤维或其他高强度不导电纤维）的层压及模压、卷制及引拔工艺生产的环氧树脂复合材料。严禁使用无纤维骨架的纯合成树脂材料（例如塑料硬板）制作承力部件。

（4）用于承力工具的金属材料，除高强度铝合金外，不允许使用其他脆性金属材料（例如一般铸铁）。

6-13 带电作业用载人器具的选材原则是什么？

答：（1）承受垂直荷重的部件（例如挂梯、软梯、蜈蚣梯）应选用有较高抗张强度（抗压强度）的绝缘材料制作，承受水平荷重的横置梁型部件（例如水平梯、转臂梯）则应选用具有较高抗弯强度的绝缘材料制作。

（2）硬质载人工具，推荐采用环氧树脂玻璃布层压板、矩形管及其他模压成形材料制作，严禁使用无纤维骨架的绝缘材料制作载人工具。

（3）软质载人工具及其配套索具，推荐采用具有一定阻燃性、防水性的蚕桑绳索、锦纶绳索及锦纶帆布制作。

（4）载人工具的承力金属部件也应按用于承力工具的金属材料要求选材。

（5）斗臂车的绝缘臂应选择绝缘性能优良、吸水性低的整体玻璃钢管（圆形或矩形）制作；在高原地区使用的斗臂车，海拔每增加 1000m，整体绝缘水平应相应增加 10%。

6-14 带电作业用牵引机具的选材原则是什么？

答：（1）金属机具的承力部件（例如丝杆的螺旋体和螺线、液压工具的活塞杆）应选用抗张强度高，有一定冲击韧性及耐磨性的优质结构钢制作，其他非承力部件（例如外壳、手柄），可选用较轻便的铝合金制作。

（2）绝缘机具应按其承力方式（例如杠杆装置、扁带收紧装置、滑车组），选用有相应机械强度的绝缘材料制作主要承力部件（例如滑车的承力板及带环板应用 3240 绝缘板制作）。

6-15 带电作业用固定器具（卡具）的选材原则是什么？

答：（1）凡具有双翼力臂的卡具，除个别荷载较小的允许使用绝缘材料制作外，一般都应选用高强度铝合金或结构钢制作。

（2）由塔上电工和等电位电工安装使用的卡具，应优先选用轻合金材料（例如高强度铝合金）制作。

（3）无强力臂作用或塔下电工安装使用的各类固定器，可选用一般金属材料制作，但不允许使用铸铁等脆性材料（可锻铸铁除外）。

6-16 带电作业用绝缘操作杆（含绝缘夹钳）的选材原则是什么？

答：（1）较长的操作杆可选用不等径锥型连接方式的环氧树脂玻璃布空心管及泡沫填充管制作，短的操作杆则可用等径圆管制作。

（2）绝缘操作杆的接头及堵头应尽可能使用绝缘材料（例如环氧树脂玻璃布棒）制作。一般也允许使用金属制作活动接头，其选材应注重耐磨性及防锈蚀性。

（3）10kV 及以下的手持操作杆应考虑全部使用绝缘材料制作（销钉等较小部件除外）。

6-17 带电作业用通用小工具的选材原则是什么？

答：一般小工具应根据工具的功能选用金属或绝缘材料制作。有冲击性操作的小工具（例如开口销拔出器）应选用优质结构钢制作。10kV 及以下通用小工具应尽可能使用绝缘材料制作，或者采用金属骨架外包绝缘护套的复合材料制作。

6-18 带电作业用载流工具的选材原则是什么？

答：（1）接触线夹应按其接触导线的材质分别采用铸造铝合金或铸造铜基合金制作，接触线夹的螺栓部件可选用防腐蚀性较好的结构钢制作。

（2）载流导体通常选用编织型软铜线或多股挠性裸铜线制作，10kV 及以下载流引线应使用有绝缘外皮的多股软铜线制作。

6-19 带电作业用消弧工具的选材原则是什么？

答：（1）消弧绳一般选用具有阻燃性、防潮

性的蚕桑或锦纶绳制作，其引流段应选用编织软
铜线制作，导电滑车应全部选用导电性良好的金
属材料制作。

（2）自产气消弧棒的产气管体一般选用有机
玻璃管或其他产气管（例如刚纸管）制作。依靠
外加压缩空气消弧者，应采用耐内压强度高的绝
缘管材制作绝缘储气缸。

6-20　带电作业用索具的选材原则是什么？

答：作主绝缘的索具应选用蚕丝或锦纶丝绳
索制作，专用绝缘滑车套推荐选用编织定型圆绳
制作。地面使用的围栏绳可采用塑料绳或其他绳
索。

**6-21　带电作业用雨天作业工具的选材原则
是什么？**

答：一般选用憎水性好的工程塑料（例如聚
碳酸酯塑料）制作工具主体，也可使用玻璃纤维
引拔棒——硅橡胶复合型绝缘管制作工具主体，
主体工具上的防雨罩可选用聚乙烯或硅橡胶等材
料制作。

6-22 带电作业用绝缘遮蔽用具的选材原则是什么?

答:(1)硬质绝缘隔板推荐采用环氧树脂玻璃布层压板及玻璃纤维模压定型板制作。

(2)软质绝缘隔板、罩及覆盖物,推荐采用绝缘性能良好、非脆性、耐老化的工程塑料模压件或橡胶制作。低压隔离套可用一般绝缘橡胶制作,包裹导电体的不规则覆盖物,可采用聚乙烯、聚丙烯、聚氯乙烯等塑料软板或薄膜制作。

6-23 绝缘工具如何分类?

答:带电作业绝缘工具可分为硬质绝缘工具、软质绝缘工具(绝缘绳、绝缘软梯、绝缘绳索类工具)、绝缘斗臂车等。

6-24 绝缘杆如何分类?

答:按照不同用途,经常把绝缘杆分为操作杆、支杆和拉(吊)杆三类。

(1)操作杆,在带电作业时,作业人员手持其末端,用前端接触带电体进行操作的绝缘工具。

(2)支杆,在带电作业中,其两端分别固定在带电体和接地体（或构架、杆塔）上，以安全可靠地支撑带电体荷重的绝缘工具。

（3）拉（吊）杆，在带电作业中，与牵引工具连接并安全可靠地承受带电体荷重的绝缘工具。

6-25　绝缘杆的制造方法有哪些？

答：绝缘杆的制造方法主要有湿卷法、干卷法、缠绕法、挤拉法和真空浸胶法等。

6-26　在带电作业中，常用的绝缘管（棒、板）有哪几种？

答：在带电作业中，常用的绝缘管（棒、板）有 3640 型环氧酚醛玻璃布管，3840、3721 型环氧酚醛玻璃布棒，3240 型环氧酚醛玻璃布板，M2-2 型绝缘管，3640 型泡沫塑料填充管等。

6-27　绝缘杆最小有效长度如何规定？

答：绝缘杆的最小有效绝缘长度是按绝缘配合的要求规定的。《电业安全工作规程（电力线路部分）》（DL 409—1991）规定对 10kV 电压等级的操作杆的最小有效长度为 0.7m，支杆、吊（拉）杆的最小有效长度为 0.4m。

6-28　制造绝缘绳的材料有哪些？

答： 在带电作业中所使用的绝缘绳，主要可用作运载工具、攀登工具、吊拉绳、连接套和保险绳等。其制造材料主要有天然蚕丝和锦纶丝、聚乙烯、聚丙烯等合成纤维。

6-29　绝缘绳的结构与编织方法有几种？

答： 绝缘绳的结构有绞制圆绳、编织圆绳、编织扁绳、环形绳及搭扣带等。

绳索的捻制方法按捻转方法可分为顺捻和反捻两种，顺捻是指按反时针方向螺旋前进的方式捻，一般称为 S 捻；反捻是指按顺时针方向螺旋前进的方式捻，一般称为 Z 捻。为了防止绳索松散，通常对绳索的捻制总是按 ZSZ 方式进行。即：将纤维捻成单丝时，按 Z 方式；纱线捻成股线时，按 S 方式；最后将股线捻成绳索时，又按 Z 方式。

第三节 带电作业工器具试验

6-30 对绝缘杆的尺寸与外径有何要求?

答: 根据其制作材料及外形的不同,制作绝缘杆的绝缘材料可分为三类,Ⅰ类为实心棒,标称外径为 10、16、24、30mm;Ⅱ类为空心管,Ⅲ类为泡沫填充管,Ⅱ类、Ⅲ类的标称外径为:18、20、22、24、26、28、30、32、36、40、44、50、60、70mm。三类绝缘杆的密度均不应小于 $1.75kg/cm^3$,吸水率不大于 0.3%。

6-31 对绝缘杆的电气性能有何要求?

答: (1)受潮前和受潮后的电气性能要求。绝缘杆的绝缘材料应进行 300mm 长试品的 1min 工频耐压试验,包括干试验和受潮后的试验。

(2)湿态绝缘性能要求。绝缘杆的绝缘材料应进行 1200mm 长试品的 1h 淋雨试验。试品在 100kV 工频电压下应满足无闪络、无击穿、表面无可见漏电腐蚀痕迹、无可察觉的温升等要求。

(3)绝缘耐受性能要求。绝缘杆能耐受相隔

300mm 的两电极间 1min 工频电压试验。试品在 100kV 工频电压下无闪络、无击穿、表面无可见漏电腐蚀痕迹、无可察觉的温升等要求。

6-32 对绝缘杆的机械性能有何要求？

答：绝缘杆应具有一定的机械抗弯、抗扭特性及耐挤压、耐机械老化性能。

6-33 对绝缘杆的试验内容有哪些？

答：（1）绝缘材料密度试验。

（2）绝缘材料吸水率试验。

（3）绝缘材料 50Hz 介质损耗角正切试验。

（4）外观检查。用肉眼（手摸）从外观进行检查，检查试品是否光滑，有无气泡、皱纹或裂开，玻璃纤维与树脂间黏结是否完好，杆段间连接是否牢固等。

（5）尺寸检查。

（6）渗透试验。

（7）受潮前和受潮后的绝缘试验。

（8）绝缘湿试验（淋雨试验）。

（9）绝缘耐压试验。绝缘试验时在绝缘管或棒上相隔 300mm 的两电极间施加交流工频电压 100kV（有效值）1min。

（10）机械试验。包括弯曲试验、扭力试验、管材挤压试验、机械老化试验。

6-34 对操作杆结构的一般要求是什么？

答：操作杆的接头可采用固定式或拆卸式接头，但连接应紧密牢固。

用空心管制造的操作杆的内、外表面及端部必须进行防潮处理，可采用泡沫对空心管进行填充，以防止内表面受潮和脏污。

固定在操作杆上的接头宜采用强度高的材料制成，对金属接头其长度不应超过 100mm，端部和边缘应加工成圆弧形。

操作杆的总长度由最短有效绝缘长度、端部金属接头长度和手持部分长度的总和决定，10kV 电压等级的绝缘操作杆最短有效绝缘长度为 0.7m、端部金属接头长度不大于 0.1m、手持部分长度不大于 0.6m。

6-35 对操作杆的电气性能要求是什么？

答：10kV 电压等级操作杆的电气性能要求是：试验电极间距离为 0.4m，工频闪络击穿电压不小于 120kV，1min 工频耐受电压为 100kV。

6-36 对操作杆的外观检查要求是什么？

答：用肉眼（手摸）从外观进行检查，检查操作杆应光滑，无气泡、皱纹或开裂，玻纤布与树脂间黏结完好，杆段间连接牢固等。

6-37 操作杆的工频闪络击穿电压试验如何进行？

答：用直径不小于 30mm 的单导线作模拟导线，模拟导线两端应设置均压球（或均压环），其直径不小于 200mm，均压球距试品不小于 1.5m。

试品垂直悬挂。试品的高压试验电极布置于试品绝缘部分的最上端，也可用试品顶端的金具作高压试验电极。10kV 电压等级操作杆的高压试验电极和接地极间的距离（试验长度）满足 0.4m 的要求，如在两试验电极间有金属部件时，其两试验电极间的距离还应在此数值上再加上金属部件的总长度。接地极的对地距离应不小于 1m。接

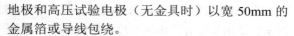

地极和高压试验电极（无金具时）以宽 50mm 的金属箔或导线包绕。

试验时，先缓慢升压至试验电压值的 75%，此后以每秒 2%的升压速率继续升压至试品发生闪络或击穿，记录下此时的试验电压值。每一试品的该闪络击穿电压值应满足不小于 120kV 的规定。

6-38　操作杆的工频耐压试验如何进行？

答：试验布置与上题相同。对多个试品同时进行试验时，试品间距离应不小于 500mm。

10kV 电压等级的绝缘杆，在两电极间施加工频耐受电压为 100kV，加压时间为 1min，试验中各试品应不发生闪络或击穿，试验后试品应无放电、灼伤痕迹，应不发热。

6-39　对吊、拉、支杆结构的一般要求是什么？

答：支杆、拉（吊）杆上的金属配件与空心管、填充管、绝缘板的连接应牢固，使用时应灵活方便。

支杆的总长度由最短有效绝缘长度、固定部

分长度和活动部分长度的总和决定。拉（吊）杆的总长度由最短有效绝缘长度和固定部分长度的总和决定。

10kV 电压等级的支杆和拉（吊）杆的最短有效绝缘长度为 0.4m、固定部分支杆为 0.6m、拉（吊）杆为 0.2m、支杆活动部分为 0.5m。

6-40　对吊、拉、支杆的电气性能要求是什么？

答： 10kV 电压等级的支杆、拉（吊）杆的电气性能应符合：试验电极间的距离为 0.4m、工频闪络击穿电压不小于 120kV，1min 工频耐受电压为 100kV。

6-41　对支杆的机械性能要求是什么？

答： 支杆按其允许受压荷载分为 1、3、5kN 三个等级，其机械性能应符合：1kN 级的允许荷载为 1kN、破坏荷载不小于 3kN；3kN 级的允许荷载为 3kN、破坏荷载不小于 9kN；5kN 级的允许荷载为 5kN、破坏荷载不小于 15kN。

6-42 对拉（吊）杆的机械性能要求是什么？

答：拉（吊）杆按其允许拉力荷载分为 10、30、50kN 三个等级，其机械性能应符合：10kN 级的允许荷载为 10kN、破坏荷载不小于 30kN；30kN 级的允许荷载为 30kN、破坏荷载不小于 90kN；50kN 级的允许荷载为 50kN、破坏荷载不小于 150kN。

6-43 对支、拉（吊）杆的外观有什么要求？

答：用肉眼（手摸）从外观进行检查，试品应光滑，无气泡、皱纹或开裂，玻纤布与树脂间黏结完好，杆段间连接牢固等。

6-44 支、拉（吊）杆的电气试验如何进行？

答：支、拉（吊）杆的电气试验的试验方法同操作杆的电气试验方法。

6-45 支、拉（吊）杆的机械试验如何进行？

答：对支杆应作压缩试验，对拉（吊）杆应作拉伸试验。

对拉（吊）杆进行拉伸试验时，在试品绝缘部分的顶端和距其 2m 处的另一端用夹具进行两端固定，并与牵引机具和测试设备串成一直线，随后施加拉力直至题 6-42 规定值或直至破坏。

对支杆进行压缩试验的试品长为 2.0m，试验时，将支杆固定牢固，在支杆的自由端沿轴向加荷载至题 6-41 规定值或直至破坏。

6-46　对支、拉（吊）杆的预防性试验有何要求？

答： 支、拉（吊）杆预防性试验包括外观及尺寸检查、工频耐压试验和操作冲击耐压试验，试验周期为每年一次。试验方法和要求同前。

6-47　为什么绝缘绳索不能受潮？

答： 绝缘绳索在受潮以后，其泄漏电流将显著增加，湿闪电压大幅度降低，受潮后绝缘绳索的泄漏电流较干燥时在同等试验电压和同样长度下，增大 10～14 倍，湿闪电压蚕丝绳下降 26%、锦纶绳下降 33.5%，受潮后的绝缘绳索因泄漏电流增大，导致绝缘绳发热而被熔断。因此，受潮绝缘绳索不但不能使用于非等电位状态，即使将其处于等电位状态下也是不安全的。这一点，应当引起带电作业人员的高度重视。

6-48 对绝缘绳索类工具的材料要求是什么？

答：消弧绳、绝缘测距绳、绝缘保险绳应采用桑蚕丝为原料，绳套宜采用锦纶长丝为原料。所有材料应满足相对应规格的绝缘绳的技术要求。

吊钩的材料应符合《带电作业用绝缘滑车》（GB/T 13034—2008）中的要求。

扁钢保险钩或其他保险钩的材料应符合《安全带》（GB 6095—2009）的要求。

消弧绳软铜线应符合《电工圆铜线》（GB/T 3953—2009）的要求。规格为 TR 软圆铜线 0.1～0.2mm。

6-49 对绝缘绳索类工具的技术要求是什么？

答：（1）人身绝缘保险绳、导线绝缘保险绳以及绳套的整体机械拉伸性能应满足以下要求：

人身绝缘保险绳的试验静拉力为 4.4kN，试验时间为 5min。

（2）人身绝缘保险绳应按不同绳长整体做冲击试验，以 100kg 质量作自由坠落应无破断。当人身绝缘保险绳的长度超过 3m 时应加缓冲器。缓冲器应满足 GB 6095—2009 中的规定。

（3）带电作业用绝缘绳索类工具的电气绝缘性能应满足相关的要求。

（4）消弧绳端部软铜线与绝缘绳的结合部分长度应不大于 200mm，绝缘部分与导线部分的分界处要有明显标志，消弧绳的端部要有防止铜线散股的措施。

（5）绝缘保险绳的吊钩、扁钢保险钩等应有防止脱钩的保险装置，保险应可靠，操作应灵活。

（6）绝缘测距绳的缠绕器应灵活轻巧，便于携带和储藏。缠绕器不宜密封以便散潮烘干。绝缘测距绳标定刻度标志时，应在本产品配备的重锤悬空吊持状态下进行。

6-50　绝缘绳索类工具的工艺应满足什么要求？
答：绝缘绳索部分的工艺应满足 GB 6095—

2009 中的有关规定。吊钩的工艺要满足《带电作业用绝缘绳索》（GB/T 13035—2008 中）的要求。

6-51 绝缘绳索类工具的电气试验方法是什么？

答：试验时，按图 6-1 所示的方法，在两根直径为 20mm，长度适当的金属棒上缠绕悬挂绝缘软梯或绝缘绳索，其中一根金属棒为高压端，通过绝缘子水平悬挂于空中。另一根金属棒同时悬挂于空中，并接地。两根金属棒之间的距离等于最高使用电压下的最短有效绝缘长度 0.5m，要求加压 100kV 时泄漏电流不大于 500μA，工频干闪电压不小于 170kV。

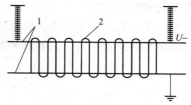

图 6-1 绝缘绳的电气试验

1—金属棒；2—绝缘绳

6-52 人身、导线绝缘保险绳及绝缘绳套的机械拉力试验如何进行?

答:人身、导线绝缘保险绳及绝缘绳套的机械拉力试验宜在拉力试验机上进行。试验应包括扁钢保险钩、吊钩等整体一起进行。试品两端应采用卸扣连接,卸扣的允许负荷应与试品的破坏强度同等级。试验方法同绝缘绳的试验方法。

人身绝缘保险绳的冲击试验应按《安全带测试方法》(GB/T 6096—2009)中的方法进行。

人身、导线绝缘保险绳的电气试验方法同绝缘绳的试验方法,试验结果应满足相关要求。

6-53 绝缘绳索类工具的预防性试验包括哪些?试验周期如何规定?

答:绝缘绳索类工具预防性试验包括外观检查、电气试验和静拉力试验,试验周期为每年一次。

第七章 带电作业安全距离

第一节 带电作业中的过电压
与绝缘配合

7-1 什么是过电压？过电压有几种类型？

答： 电力系统由于外部（如雷电）和内部（如故障、运行方式改变）的原因，会出现对绝缘有危害的电压升高，这种电压升高称为过电压。外部过电压（简称外过电压）是雷电放电时将能量加在电网上，其冲击值可达几百至几千千伏，它对 220kV 及以下电网的绝缘有很大威胁。

外过电压又可分为直击雷过电压与感应雷过电压。

内部过电压（简称内过电压）是由于电网内部故障或改变运行方式使电网中电容或电感的参数发生变化，从而引起能量转化和传递的过渡过程，产生电磁振荡，一般可达 3～4.5 倍相电压，它对 330kV 及以上电网的绝缘威胁很大。

内过电压的种类繁多，典型的有切合空载长线路的过电压、切空载变压器的过电压、弧光接地过电压、谐振过电压、工频过电压。

7-2　直击雷过电压是怎样形成的？它与哪些因素有关？

答：雷云对地面放电，如果直接击中电力设备（如杆塔、导线等）时强大的雷电流通过设备本身的电感、电阻等装置入地，产生很高的电压，这就是直击雷过电压。

直击雷过电压的大小，决定于雷电流的幅值、陡度和杆塔结构、高度、导线布置形式、雷击点位置、接地电阻、绝缘水平等有关。

7-3　什么是感应雷过电压？它与哪些因素有关？

答：当雷云飘到电力线路附近时，雷云会在架空线路上感应出大量与雷云极性相反的感应电荷。这时如果雷云对线路附近的其他目标放电时，原感应在线路上的电荷便失去了束缚成为自由电荷，并以 30 万 km/s 的速度向线路两侧传播，从而使线路上产生很高的过电压，称为感应雷过电压。

感应雷过电压的幅值和雷击对地放电时雷电流的大小、导线对地平均高度以及线路距离雷击点的远近有关，与线路本身的其他结构参数，如电阻、电感等无关。

7-4 切合空载长线路的过电压是怎样形成的？

答： 空载长线路（包括电缆）可视为一电容性元件。在切合时，改变了系统的电容参数。由于电容器的反向充放电，使断路器触头断口间发生了电弧的重燃，这是因为纯电容电流在相位上越前电压 90°，过 1/4 周期电弧电流经 0 点时熄灭，但此时电压正好达最大值，若断路器断口弧隙的绝缘尚未恢复正常，电容电荷充积断口，$U = U_{xg}$，再经半周期，电压反向达最大值 $U_{mf} = 2U_{xg}$，如电弧重燃相当于再一次合闸，又加一个 U_{xg}，这时过电压达 $3U_{xg}$，并伴随高频振荡过程，按每重燃一次增加 $2U_{xg}$，理论上过电压将按 3、5、

7、9 倍相电压增加下去，而实际上过电压只有（3～4）U_{xg}。因为断路器如灭弧性能好，断口绝缘恢复快的，不一定都重燃，而每次重燃时也不一定发生在电压最大值时，母线上切多条时过电压比切一条时小，另外线路上有电晕电阻损耗起阻尼作用。

一般中性点直接接地或经消弧线圈接地的系统过电压不大于 $3U_{xg}$，中性点不接地的最大达（3～3.5）U_{xg}。

7-5　切空载变压器的过电压是怎样形成的？

答：切空载变压器、电抗器、消弧线圈等电感性负荷的操作，储存在电感元件上的磁能要转变成电场能量，而附近又无足够的电容来吸收能量，由于断路器灭弧性太强，在 $t\rightarrow0$ 时，励磁电流变化率 $\rightarrow\infty$。在中性点不直接接地的 35～154kV 电网中，一般小于 $4U_{xg}$；中性点直接接地的 110～330kV 电网，一般不大于 $3U_{xg}$。其过电压倍数和断路器结构、回路参数、变压器结构接线、中性点接地方式有关。

7-6 弧光接地过电压是怎样形成的？

答： 单相电弧接地过电压只发生在中性点不直接接地的电网，（一般 110kV 及以上都是中性点直接接地），如发生单相接地时，流过中性点的电容电流，就是单相短路接地电流，当电网线路公里数足够多，电容电流很大时，单相接地弧光不易自行熄灭，又不太稳定，出现熄弧和重燃交替进行局面即间歇性电弧，这时过电压会较严重，所以一相接地多次发弧，不但会发展健全相也短路接地，还会引起另两相对地电容的振荡，理论上如果间歇电弧一直发生，过电压会达很高，而实际上，每次发弧不一定都在幅值，还有其他损耗衰减，所以一般不超过 $3U_{xg}$，个别达 $3.5U_{xg}$ 以上。

7-7 工频过电压是怎样形成的？

答： 系统运行中突然甩负荷时感性负荷变成容性，空载长线路的电容效应（即电容造成末端电压高于首端电压），非对称接地（零序阻抗）故障，都会引起工频电压升高，称为工频过电压，一般情况它的幅值不是很大，为 1.3～1.5 倍相电压，但持续时间较长，能量也最大，一旦它和其他过电压同时出现时，则威胁相当大。

7-8 什么是绝缘配合？

答：绝缘配合就是按设备所在系统可能出现的各种过电压和设备的耐压强度来选择设备的绝缘水平，以便把作用于设备上引起损坏或影响连续运行的可能性，降低到经济上和运行上能接受的水平。

如果把带电作业中使用的绝缘工具（或者作业者身边的一段空气间隙）作为系统中的一种设备看待，那么它也同样存在绝缘配合问题。假如把工具（或间隙）的绝缘水平选得很低，安全水平就会很低，事故率就会很高，带电作业就很不安全；反之，把工具（或间隙）的绝缘水平选得很高，作业的安全虽然得到了保障，但与作业设备有关的技术条件也许就不能够满足，经济上也不合算。所以，必须有一种恰如其分地选择，使得安全与经济都能得到兼顾，这就是绝缘配合工作要完成的使命。

7-9 常用的绝缘配合方法有几种？

答： 绝缘配合有两种方法：

（1）惯用法：主要适用于非自恢复绝缘和220kV 及以下电压等级的系统。

（2）统计法：主要适用于 330kV 及以上电压等级的自恢复绝缘。

7-10 何谓"50%放电电压"？

答： 在统计学看来，空气间隙的放电电压值是一种随机变量，具有一定的分散性，表面上看似乎杂乱无章，实际上遵循着一定的统计规律，即符合数理统计理论中的"正态分布"规律。

在空气间隙上施加 100 次数值相同的电压，若该间隙只发生 50 次放电（或者说有 50 次不放电），则此电压值就称为该间隙的"50%放电电压"。

7-11 何谓带电作业的危险率？计算"危险率"有哪些方法？

答： 作业人员与带电体间保持的空气间隙，

165

在系统过电压作用下发生放电的概率称为带电作业的危险率。

危险率的计算方法一般有三种：半概率法、简化统计法、统计法。

7-12　什么是带电作业事故率？它与危险率是否是一回事？

答： 带电作业的事故率特指因操作过电压引发事故的概率，并不包含带电作业中发生其他事故的可能性。带电作业事故率与危险率不是一回事，因为前者只能针对一个具体区域（某个地区、某个供电局）进行具体计算才有确切含义，是以"次/百公里年"的具体数据反映该区域带电作业的事故状况；而后者是指某种带电作业状态下发生放电危险的宏观概念，是一个没有量纲的数值。决定带电作业事故率时，除了危险率之外还要考虑许多相关因素。例如，供电局内每年有多少时间在开展带电作业；管辖区内的线路每年有多少次倒闸操作及事故跳闸；发生过电压时正、负极性波形的正常比例等。

▶ 第二节 配电线路带电作业安全距离

7-13 什么是带电作业安全距离?

答: 带电作业过程中,人员需要处于不同的作业位置,在过电压下不发生放电,并有足够安全裕度的最小空气间隙称为安全距离,也就是说,安全距离是为了保证人身安全,作业人员与不同电位的物体之间所应保持的各种最小空气间隙距离的总称。安全距离的数值,只取决于作业设备的电压等级。判断带电作业是否安全,就是看实际作业距离是否满足安全距离的要求,安全距离可分为单间隙安全距离与组合间隙安全距离。

7-14 什么是带电作业的有效绝缘长度?

答: 带电作业时所使用的绝缘工具,在过电压作用下,表面不发生放电(闪络),并有足够安全裕度的最小绝缘长度,称为有效绝缘长度。同样它也只取决于作业设备的电压等级。

7-15 安全距离与有效绝缘长度有何区别?

答：安全距离与有效绝缘长度都是关于绝缘的安全标准，不同之处在于：安全距离是对空气绝缘而言的，而有效绝缘长度是对固体绝缘而言的。

7-16 空气间隙的绝缘强度与什么有关？

答：空气间隙的绝缘强度与间隙两侧的电极形状、电压波形，以及气体的状态（气温、气压和湿度）有关。

（1）电极形状对绝缘强度的影响。实际带电作业中的电极形状，均不可能是平板电极，也就是说几乎所有的电场都是不均匀电场。在不均匀电场中，放电首先在场强较高的地方开始，称为预放电，然后向整个间隙发展，最后导致贯穿放电（击穿）。电场越不均匀，预放电发生就越早，从而使得整个间隙的放电电压就越低。

（2）电压波形对绝缘强度的影响。实验表明，电极间的气体游离程度与外施电压增加的速度，即电压作用的时间有关，波形不同，电压上升的陡度亦不同，所以放电电压也不同。

（3）气体状态对绝缘强度的影响。气体产生游离与去游离的程度与气体的压力、温度和湿度都有关，大致原理为：气压越低，分子密度小，去游离比游离慢，放电电压就低；温度越高，分子的热运动越强，碰撞游离加快，放电电压就低；湿度越大，空气中水分子越多，去游离过程加强，放电电压就高。

7-17 绝缘子的放电特性是什么？

答：（1）工频波及雷电波放电特性：绝缘子的工频波与雷电波的放电特性与绝缘子型号和结构无关，只与整个绝缘子长度有关，而且是呈线性关系。

（2）操作波放电特性：绝缘子的操作波放电电压与绝缘子的型号和结构无关，只与整个绝缘子的长度有关，但它不是线性关系，有一定的"饱和"现象。

7-18 带电作业安全距离包含哪几种间隙距离？

答：带电作业安全距离包含下列五种间隙距离：最小安全距离、最小对地安全距离、最小相间安全距离、最小安全作业距离和最小组合间隙。

7-19 什么是最小安全距离?

答: 最小安全距离是指为了保证人身安全,地电位作业人员与带电体之间应保持的最小距离。10kV 电压等级的配电线路带电作业的最小安全距离为 0.4m。

7-20 什么是最小对地安全距离?

答: 最小对地安全距离是指为了保证人身安全,带电体上的作业人员与周围接地体之间应保持的最小距离。10kV 电压等级的配电线路带电作业的最小对地安全距离为 0.4m。

7-21 什么是最小相间安全距离?

答: 最小相间安全距离是指为了保证人身安全,带电体上的作业人员与临近带电体之间应保持的最小距离。10kV 电压等级的配电线路带电作业的最小相间安全距离为 0.6m。

7-22 什么是最小安全作业距离?

答： 最小安全作业距离是指为了保证人身安全，考虑到工作中必要的活动，地电位作业人员与在作业过程中与带电体之间应保持的最小距离。确定最小安全作业距离的基本原则是：在最小安全距离的基础上增加一个合理的人体活动增量，一般而言，增量可取 0.5m。10kV 电压等级的配电线路带电作业的最小安全作业距离为 0.7m。

7-23 什么是最小组合间隙？

答： 最小组合间隙是指为了保证人身安全，在组合间隙中的作业人员处于最低的 50%操作冲击放电电压位置时，人体对接地体与对带电体两者应保持的距离之和。

第八章　带电作业安全防护用具

第一节　绝缘遮蔽罩

8-1　带电作业安全防护用具如何分类？

答：带电作业安全防护用具主要分为绝缘防护用具〔绝缘手套、绝缘袖套、绝缘服（披肩）、绝缘鞋（靴）、防机械穿刺手套、绝缘安全帽〕，绝缘遮蔽工具（硬质遮蔽罩、导线软质遮蔽罩、绝缘毯、绝缘垫），屏蔽用具（屏蔽服）。

8-2　加装绝缘隔离作为防护措施的原理是什么？

答：在人体与带电体之间，加装有一定绝缘强度的挡板，卷筒护套等固体绝缘设备来弥补空气间隙不足的做法，称为绝缘隔离法。

在无绝缘隔离情况下，空气间隙的放电电压较小，当加入绝缘隔离后，由于固体绝缘的击穿强度一般都比空气高得多，这时空气间隙的有效长度就将加长，放电电压就可提高，因此，只要适当选择绝缘板的厚度与面积，就能达到提高绝缘水平的目的。

　　由于用该方法受设备的体积形状等限制，提高放电电压的幅度是有限的，故一般只在 10kV 及以下设备上采用。

8-3　绝缘遮蔽用具（罩）的适用范围是什么？

　　答：（1）绝缘遮蔽用具（罩）只限于 10kV 及以下电力设备的带电作业。

　　（2）绝缘遮蔽用具（罩）不起主绝缘作用，但允许偶尔短时"擦过接触"，要保证安全，还是要限制人体的活动范围。

　　（3）遮蔽罩应与人体安全防护用具并用。

8-4　根据绝缘遮蔽罩的用途不同，绝缘遮蔽罩可分为哪几类？

　　答：（1）导线遮蔽罩：用于对裸导线或绝缘导线进行绝缘遮蔽的套管式护罩。

（2）耐张装置遮蔽罩：用于对耐张绝缘子、线夹或接板等金具进行绝缘遮蔽的护罩。

（3）针式绝缘子遮蔽罩：用于对针式绝缘子，包括棒式绝缘子进行绝缘遮蔽的护罩。

（4）横担遮蔽罩：用于对铁横担、木横担进行绝缘遮蔽的护罩。

（5）电杆遮蔽罩：用于对电杆或其头部进行绝缘遮蔽的护罩。

（6）套管遮蔽罩：用于对断路器（或负荷开关）或变压器等设备的套管进行绝缘遮蔽的护罩。

（7）跌落式熔断器遮蔽罩：用于对跌落式熔断器进行绝缘遮蔽的护罩。

（8）隔板：用以隔离带电部件，限制带电作业人员活动范围的绝缘平板。

（9）绝缘毯：用于包缠各类带电或不带电导体部件的软形绝缘毯。

（10）特殊遮蔽罩：用于某些特殊绝缘遮蔽用途而专门设计制作的护罩。

8-5　硬质遮蔽罩的类别有哪些？

答： 硬质遮蔽罩按电气性能分为 0、1、2、3四级。对应的适用电压等级分别为 380、3000、10 000V 或 6000、20 000V。

具有特殊性能的硬质遮蔽罩分为 A、H、C、W 和 P 五种类型，分别具有耐酸、耐油、耐低温、耐高温和耐潮等特殊性能。

8-6　导线软质遮蔽罩的类别有哪些？

答： 导线软质遮蔽罩按电气性能分为 0、1、2、3 四级，对应的适用电压等级分别为交流 380、3000、10 000V 或 6000、20 000V。

具有特殊性能的导线软质遮蔽罩分为 A、H、C、W、Z 和 P 六种类型，分别具有耐酸、耐油、耐低温、耐高温、耐臭氧和耐潮等特殊性能。

8-7　绝缘毯的类别有哪些？

答： 绝缘毯按电气性能分为 0、1、2、3 四级，对应的适用电压等级分别为交流 380、3000、10 000V 或 6000、20 000V。

具有特殊性能和多重特殊性能的绝缘毯分为 A、H、Z、M、S 和 C 六种类型，分别具有耐酸、耐油、耐臭氧、耐机械穿刺、耐油和臭氧、耐低温等特殊性能。

8-8 硬质遮蔽罩、导线软质遮蔽罩、绝缘毯的试验如何进行？

答：硬质遮蔽罩、导线软质遮蔽罩、绝缘毯在进行耐压试验时，将试品水平放置在绝缘支承台上，同时在被试物的两侧用锡箔作电极，上下均用泡沫塑料和连接片压紧，以保证其接触良好。然后将上面极板接电源，下面极板接地。此外，试验时被试品应按使用电压要求留足边缘宽度。

8-9 对绝缘遮蔽罩的制作工艺有什么要求？

答：（1）遮蔽罩的主体表面应光滑，其外部和内部在加工上应避免粗糙、诸如小孔、接缝裂纹、破口、不明杂物、磨损擦伤、明显的机械加工痕迹等。

（2）为便于现场安装使用，其长度不超过1.5m，在保证电气性能的前提下，其余尺寸也应减小到最小。

（3）在遮蔽罩的外表面上，应标记出清晰的保护区范围。

（4）每个遮蔽罩的端部应根据需要，考虑与其他遮蔽罩相连接，且便于进行组装，连接处应不出现间隙，并能承受所要求的电气试验。

（5）用于间接作业用的遮蔽罩均应考虑现场用操作杆进行安装，所以遮蔽罩在结构上应有提环、筒子眼、挂钩等部件。

（6）遮蔽罩上应有一个或多个闭锁部件，防止在使用中或在外力作用下突然滑落。闭锁部件应便于闭锁和开启，而且能用操作杆进行操作。如无闭锁部件，也可采用绝缘夹夹紧。

第二节 绝 缘 袖 套

8-10 绝缘袖套的式样有哪几种？

答： 绝缘袖套按外形分为两种式样，即直筒式（称为式样 A）和曲肘式（称为式样 B）。

8-11 带电作业用绝缘袖套按电气性能要求分为哪几种？

答： 绝缘袖套按电气性能分为 0、1、2、3

四级，对应的适用电压等级分别为交流 380、3000、10 000 或 6000、20 000V。

具有特殊性能的绝缘袖套分 A、H、Z、S 和 C 类袖套，分别具有耐酸、耐油、耐臭氧、耐油和臭氧、耐低温性能。

8-12　对带电作业用绝缘袖套的厚度有什么要求？

答：袖套应具有足够的弹性且平坦，表面橡胶最大厚度（不包括肩边、袖边或其他加固的肋）必须符合标准的规定。0、1、2、3 级的最大厚度分别为 1.0、1.5、2.5、2.9mm。

8-13　对带电作业用绝缘袖套的工艺有什么要求？

答：（1）袖套应采用无缝制作方式，袖套上为连接所留的小孔必须用非金属加固边缘，直径为 8mm。

（2）袖套内、外表面应不存在有害的不规则性，有害的不规则性是指下列特征之一：即破坏其均匀性，损坏表面光滑轮廓的缺陷，如小孔、裂缝、局部隆起、切口、夹杂导电异物、折缝、空隙、凹凸波纹及铸造标志等。无害的不规则性是指在生产过程中造成的表面不规则性。如果其不规则性属于以下状况，则是可以接受的：

1）凹陷的直径不大于 1.5mm，边缘光滑，当凹陷点的反面包敷于拇指扩展时，正面可不见痕迹。

2）袖套上如 1）中描述的凹陷在 5 个以下，且任意两个凹陷之间的距离大于 15mm。

3）当拉伸该材料时，凹槽、突起部分或模型标志趋向于平滑的平面。

8-14　对带电作业用绝缘袖套的电气性能试验的环境要求是什么？

答：试品应在环境温度（23±2）℃的环境下进行，对于型式试验和抽样试验，袖套应浸入水中预湿（16±0.5）h，对于例行试验，则不用预湿。

8-15　带电作业用绝缘袖套的电气性能试验时，对电极间隙有何要求？

答： 电极间隙是指袖套的电气性能试验时两电极间的最短的路径，允许误差为 25mm。若环境温度不能满足试验要求时，最大可增加 50mm，不同级别的袖套的电极间隙如下：

交流耐压试验时，0、1、2、3 四级对应的电极间隙分别为 80、80、130、180mm。

直流耐压试验时，0、1、2、3 四级对应的电极间隙分别为 80、100、150、200mm。

8-16 带电作业用绝缘袖套的交流耐压试验如何进行？

答： 试品布置好后开始升压，试验电压应从较低值开始上升，并以大约 1000V/s 的速度逐渐升压，直至达到规定的试验电压值或袖套发生击穿。试验时间从达到规定的试验电压的时刻开始计算。对于型式试验和抽样试验，电压持续时间为 3min；对于出厂例行试验，电压持续时间为 1min。如试品无闪络、无击穿、无明显发热，则试验通过。

0、1、2、3 级绝缘袖套的交流耐压试验的试验电压值分别为 5000、10 000、20 000、30 000V。

8-17　带电作业用绝缘袖套的直流耐压试验如何进行？

答：试验电压应从较低值开始上升，以大约 3000V/s 的速度逐渐升压，直至达到规定的试验电压值或袖套发生击穿。试验时间从达到规定的试验电压的时刻开始计算。对于型式试验和抽样试验，电压持续时间为 3min；对于出厂例行试验，电压持续时间为 1min。如试品无闪络、无击穿、无明显发热，则试验通过。

0、1、2、3 级绝缘袖套的直流耐压试验的试验电压值分别为 10 000、20 000、30 000、40 000V。

8-18　带电作业用绝缘袖套的预防性试验如何进行？

答：绝缘袖套的预防性试验须逐只进行，试验项目包括标志检查、交流耐压试验或直流耐压试验，试验周期为每半年一次。

第三节　绝缘手套

8-19　绝缘手套的型号分为哪几种？

答：绝缘手套根据适用的电压等级的不同，其型号可分为 1、2 两种型号，1 型适用于 6kV 以下电器设备上工作，2 型适用于 10kV 及以下电器设备上工作，手套的总长度分别为 360mm 和 410mm。

8-20 绝缘手套的电气性能是什么？

答：绝缘手套的电气性能如表 8-1 所示。

表 8-1   绝缘手套的电气性能

型号	标准电压（kV）	交流耐压试验					直流试验	
		验证试验电压（kV）	最低耐受电压（kV）	泄漏电流（μA）			验证试验电压（kV）	最低耐受电压（kV）
				手套长度（mm）				
				360	410	460		
1	6	10	20	14	16	18	20	40
2	10	20	30	14	16	18	30	60

8-21 对绝缘手套的外观、厚度检查要求是什么？

答：绝缘手套的外观、厚度检查以目测为主，并用量具测定缺陷程度，长度用精度为 1mm 的钢

第八章 带电作业安全防护用具

直尺测量，厚度用精度为 0.02mm 的游标卡尺测量。尺寸要求如表 8-2 所示。

表 8-2　　　　　　绝缘手套的尺寸要求

型号	总长度（mm）	拇指基准线到中指尖长度（mm）	手掌宽度（mm）	手指厚度（cm）	手掌厚度（cm）
1	360±10.0	115±5.0	110±5.0	1.5±0.3	1.4±0.3
2	410±10.0	115±5.0	110±5.0	2.3±0.3	2.2±0.3

8-22　绝缘手套的电气性能试验类型和对环境要求是什么？

答：绝缘手套的电气性能试验包括交流验证电压试验、交流耐受电压试验、泄漏电流试验、直流验证电压试验和直流耐受电压试验。

试验应在环境温度为（23±2）℃的条件下进行。进行型式试验和抽样试验时，手套应浸入水中进行（16±0.5）℃预湿，预湿后不应离水放置。

8-23　绝缘手套的电气性能试验如何进行？

答：（1）交流验证电压试验。对手套进行交流验证试验时，交流电压应从较低值开始，约

1000V/s 的恒定速度逐渐升压，直至达到表 8-1 所规定的验证电压值，所施电压应保持 1min，不应发生电气击穿。在试验结束断开回路前，所加电压必须降低一半。

（2）交流耐受电压试验。按照规定施加交流试验电压，直至达到表 8-1 所规定的最低耐受电压值，不应发生电气击穿。在试验结束时立即降低所加电压，并断开试验回路。

（3）泄漏电流试验。在按表 8-1 施加所规定的交流验证电压下测量泄漏电流，其值不大于表 8-1 中规定值。

（4）直流验证电压试验。对手套进行直流验证电压试验时，直流电压应从较低值开始，以大约 3000V/s 的恒定速度逐渐加压，直至达到表 8-1 所规定的耐受电压值。对常规试验，所施电压应保持 1min，施压时间从达到规定值的瞬间开始计算，不应发生电气击穿。在试验结束断开回路前，所加电压必须降低一半。

（5）直流耐受电压试验。按照直流验证电压试验同样方式施加直流试验电压，直至达到表 8-1 所规定的最低耐受电压值，不应发生电气击穿。

在试验结束时立即降低所加电压，并断开试验回路。

8-24 绝缘手套的预防性试验如何进行？

答：绝缘手套的预防性试验包括交流验证电压试验、泄漏电流试验、直流验证电压试验，试验应逐只进行，试验周期为每半年一次。

第四节 绝缘安全帽

8-25 对绝缘安全帽的技术要求是什么？

答：（1）垂直间距。按规定条件测量，其值应在 25～50mm 之间。

（2）水平间距。按规定条件测量，其值应在 5～20mm 之间。

（3）佩戴高度。按规定条件测量，其值应在 80～90mm 之间。

（4）帽箍尺寸。分为三个号码（小号 51～56mm，中号 57～60mm，大号 61～64mm）。

（5）质量。一顶完整的安全帽，质量不应超过 400g。

（6）帽檐尺寸。最小 10mm，最大 35mm。帽檐倾斜度以 20°～60° 为宜。

（7）通气孔。安全帽两侧可设通气孔。

（8）帽舌。最小 10mm，最大 55mm。

（9）颜色。安全帽的颜色一般以浅色或醒目为宜，如白色、浅黄色等。

8-26　绝缘安全帽的电气试验如何进行？

答：将没有开孔的安全帽壳顶朝下，置于盛有水的试验槽内，然后向帽壳内注水，到水面距帽边 30mm 为止。将试验变压器的两端分别接到水槽内和帽壳内的水中，试验电压应从较低值开始上升，并以大约 1000V/s 的速度逐渐升压至 20kV，保持 1min。试验中无闪络、无发热、无击穿为合格。

8-27　绝缘安全帽的预防性试验如何进行？

答：绝缘安全帽的预防性试验应逐只进行，只需要进行电气绝缘性能试验，试验周期为每半年一次。

第五节　绝　缘　服

8-28　对绝缘服（披肩）的技术要求是什么？

答：外表层材料应具有憎水性强、防潮性能好、沿面闪络电压高、泄漏电流小的特点，还应具有一定的机械强度、耐磨、耐撕裂性能。内衬材料应具有高绝缘强度，能起到主绝缘的作用，且憎水、柔软性好，层向击穿电压高。

在 10kV 配电网带电作业的应用中，绝缘服整衣的电气和机械性能应达到：击穿电压大于 40kV；20kV 层向耐压 3min 应无发热、无击穿、无闪络；当电极距离为 0.4m 时，100kV 沿面工频耐压 1min 应无发热、无闪络。

内、外层衣料的断裂强度及断裂伸长率应满足：

断裂强度：经向 343N，纬向 294N；

断裂伸长率：经向 10%，纬向 10%。

8-29　绝缘服（披肩）的电气试验如何进行？

答：整衣层向工频耐压试验。对绝缘服进行

层向耐压试验时应注意，绝缘上衣的前胸、后背、左袖、右袖及绝缘裤的左右腿的上下方都要进行试验。

进行绝缘服（披肩）的层向工频耐压试验时的电极由海绵或其他吸水材料制成的湿电极组成，内外电极形状与绝缘服内外形状相符。将绝缘服平整布置于内外电极之间，不应强行曳拉。电极设计及加工应使电极之间的电场均匀且无电晕发生。电极边缘距绝缘服边缘的间距为65mm。为防止沿绝缘服边缘发生沿面闪络，应注意高压引线距绝缘服边缘的距离或采用套管引入高压的方式。

试验电压应从较低值开始上升，并以大约1000V/s的速度逐渐升压，直至20kV或绝缘服发生击穿。试验时间从达到规定的试验电压值开始计时，对于型式试验和抽样试验，电压持续时间为3min；对于预防性试验，电压持续时间为1min。如试验无闪络、无击穿、无明显发热，则试验通过。

8-30　对绝缘服（披肩）的预防性试验有何

要求?

答: 绝缘服的预防性试验应逐件进行,需要进行整衣层向工频耐压试验,试验周期为每半年一次。

第六节 绝 缘 鞋

8-31 对绝缘鞋(靴)的电气性能要求是什么?

答: 绝缘鞋(靴)的电气性能见表 8-3。

表 8-3 绝缘鞋(靴)的电气性能

序号	项 目	出厂试验	预防性试验
1	工频电压(kV)	20	15
2	泄漏电流不大于(μA)	10	7.5
3	试验时间(min)	2.0	1.0
4	检查周期		半年一次

8-32 对绝缘鞋(靴)的电气性能试验如何布置?

答: 绝缘鞋的电气绝缘性能试验布置有两种:

（1）方法一。试样内电极为水（电阻率不大于 750 Ω·cm），外电极为置于金属器皿中的水（电阻率不大于 750 Ω·cm）。试验时，绝缘鞋内外水平面呈相同高度，试验电压为 20kV 以下时，绝缘鞋试样内、外水位应距靴口 65mm。

（2）方法二。试样内电极为金属鞋楦（其规格应与试样鞋号一致）或铺满鞋底布的直径不大于 4mm 的金属粒；外电极为置于金属器皿的浸水泡沫塑料或电阻率不大于 750 Ω·cm 的水。

8-33　绝缘鞋（靴）的电气性能如何进行？

答： 试验时电压应从较低值开始上升，并以大约 1000V/s 的速度逐渐升压至试验电压值的 75%，此后以每秒 2% 的升压速度至规定试验值或绝缘鞋发生闪络或击穿。试验时间从达到规定的试验电压值开始计时，对于出厂试验，电压持续 3min；对于预防性试验，电压持续时间为 1min。到达规定时间后测量并记录泄漏电流值，然后迅速降压至零值。

如试验无闪络、无击穿、无明显发热，并符合表 8-3 的规定时，则试验通过。

8-34 对绝缘鞋（靴）的预防性试验有何规定？

答：绝缘鞋（靴）的预防性试验需逐只进行，试验周期为每半年一次。

第七节 静电感应的人体防护

8-35 静电感应的人体安全防护可采用哪些措施？

答：（1）防止作业人员受到静电感应，应穿屏蔽服，限制流过人体电流，以保证作业安全。

（2）吊起的金属物体应接地，保持等电位。塔上作业时，被绝缘的金属物体与塔体等电位，即可防止静电感应。

8-36 什么是屏蔽服？

答：屏蔽服是用均匀分布的导电材料和纤维等制成的服装，穿戴后使处在高电场中的人体外表各部位形成一个等电位屏蔽面，防护人体免受高压电场及电磁波的影响。

成套屏蔽服装包括上衣、裤子、帽子、手套、短袜、鞋子及其相应的连接线和连接头。

8-37 屏蔽服的防护功能是什么？

答：（1）屏蔽电场。在人体接近超高压导线或与超高压导线等电位时，会出现较高的体表场强，而且由于人体形状复杂及人体各部分与带电体的方位距离不同，若不采用屏蔽措施，会使作业人员皮肤感到重麻、刺激。屏蔽服能有效地屏蔽高压电场。

（2）旁路电流。在人体接触和脱离具有不同电位物体的瞬间会发生充放电暂态过程，穿上屏蔽服以后，由于屏蔽服电阻小，旁路了大部分暂态放电电流，对于人体与屏蔽服组成的并联回路，流过屏蔽服的电流约为总电流的 99%，同样，屏蔽服亦旁路稳态电容电流。

（3）代替电位转移线。穿上屏蔽服后，手套和衣服连为一体，代替了电位转移线，等电位作业人员可以直接接触带电导线和脱离导线，省去了电位转移的操作步骤，简化了作业程序。

8-38 屏蔽服的防护原理是什么？

答：屏蔽服防护人体的基本原理是利用金属导体在电场中的静电屏蔽效应。

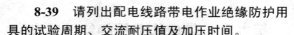

8-39 请列出配电线路带电作业绝缘防护用具的试验周期、交流耐压值及加压时间。

答：配电线路带电作业绝缘防护用具的试验周期、交流耐压值及加压时间如表 8-4 所示。

表 8-4　配电线路带电作业绝缘防护用具
的试验周期、交流耐压值及加压时间

序号	名称	周期	交流耐压值 （kV）	加压时间 （min）
1	绝缘手套	半年	8	1
2	绝缘靴	半年	15	1
3	绝缘衣、裤	半年	15	3
4	绝缘肩套	半年	15	3
5	绝缘披肩	半年	15	3
6	绝缘网衣	半年	15	3
7	绝缘毯	半年	15	3
8	绝缘包毯	半年	15	3
9	防护管	半年	20	3
10	跳线管	半年	20	3
11	绝缘升降板	半年	105／0.5m	1
12	绝缘安全带	半年	105／0.5m	1

第九章 带电作业用绝缘斗臂车

第一节 绝缘斗臂车的操作

9-1 什么是带电作业用绝缘斗臂车？

答：带电作业用绝缘斗臂车通常指能在 10kV 及以上线路上进行带电高空作业，其工作斗、工作臂、控制油路和线路、斗臂结合部都能满足一定的绝缘性能指标，并带有接地线的斗臂车。只采用工作斗绝缘的高空作业车一般不列入绝缘斗臂车范围。

9-2 绝缘斗臂车的类型如何分类？

答：（1）根据绝缘斗臂车工作臂的形式，可分为折叠臂式、直伸臂式、多关节臂式、垂直升降式和混合式。

（2）绝缘斗臂车按高度，一般可分为 6、8、10、12、l6、20、25、30、35、40、50、60、70m 等。

（3）绝缘斗臂车根据作业线路电压等级，可分为 10、35、46、63（66）、110、220、330、345、500、750kV 等。

9-3　绝缘斗臂车作业前的检查内容有哪些？

答：作业前检查时，作业车应处于保管放置的状态，即水平支腿全缩、垂直支腿伸至最大行程。检查内容如下：

（1）擦掉活塞杆上涂的防锈油。

（2）环绕车辆进行目测检查，看有无漏油、标牌及车体损坏的情况。标牌损坏及污损会影响到正确的使用，要先清除污损，换上新的标牌。

1）检查工作斗有无破损、变形，检查工作斗（工作斗内衬）、副吊臂、临时横杆等有无损伤、污垢及积水。

2）启动发动机，产生油压，操作垂直支腿伸出，用于检查在保管中有无油缸漏油。在取力器切换后，检查传动轴等方面有无出现异响。如果垂直支腿伸出后出现自然回落的现象，须进行检修。

3）检查液压油的油量。

4）在下面状态下进行检查：车辆水平设置、水平支腿全收回、工作斗摆动在中间收回状态、工作斗电源关闭、油门低速、慢操作、工作斗零负荷、性能开关切换至小臂。

5）检查并确认安全装置正确动作。

6）检查操作杆和开关，检查各部分动作是否正常，有无异常声响。

7）检查工作斗的平衡，重复几次上臂及下臂的操作，检查工作斗是否保持在水平状态。

8）检查安全带挂钩的绳索有无磨损。

9）在工作斗内操纵各操作杆，检查各部分动作是否正常，有无异常声响。

10）收回各液压装置至原始位置，关闭取力器及总电源，检查各部件有无漏油现象。

9-4　绝缘斗臂车的动作原理如何？

答：绝缘斗臂车的动作原理见图 9-1。

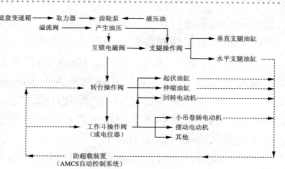

图 9-1 绝缘斗臂车的动作原理图

9-5 绝缘斗臂车在作业前应注意哪些事项？

答：（1）绝缘斗臂车的操作员必须经过专业的技术培训，并且由接受任务的操作员来进行操作。作业时，必须佩戴安全用具，正确穿着服装。在带电线路上及带电线路附近作业时，一定要使用规定的绝缘防护用具。破损的绝缘用具有触电的危险，绝对不允许使用。过度疲劳和饮酒后不得驾驶绝缘斗臂车。

（2）注意加强绝缘斗臂车的保养管理工作，加强安全作业的意识。确定作业指挥员，并遵从指挥员的指示进行作业。天气情况恶劣、下雨及绝缘工作斗等部件潮湿时，应停止使用绝缘斗臂车。恶劣天气的标准为：强风，10min 内的平均风速大于 10m/s；大雨，一次降雨量大于 50mm；大雪，一次积雪量大于 25mm。即使在低于上述基准时，也要遵从指挥员的指示进行作业。作业高度处的风速应不超过 10m/s。

（3）夜间作业时，应确保作业现场的亮度，操作装置部分更要明亮些，以防止误操作。

（4）灰尘及水分附着在工作斗、工作斗内衬、绝缘工作臂上时，会使绝缘性能下降，作业前，必须使用柔软干燥的布擦净。如发现有裂纹、破损处时，应立即到指定的维修点进行修理，当工作斗有潮湿、水分、污垢等情况时，不能完全确保其绝缘性能。

（5）在进行带电作业及接近带电线路作业时，车辆必须作好接地工作。

9-6 如何进行绝缘斗臂车的发动机启动、取力器（PPD）的正确操作？

答：（1）挂好手刹车，垫好三角块。

（2）确认变速器杆处于中间位置，取力器开关扳至"关"的位置。此时计时器开始启动。计时器指示出车辆液压系统的累计使用时间。变速器杆必须处于中间位置，不在中间位置时，操作发动机启动、停止会使车辆移动。

（3）将离合器踏板踩到底，启动发动机。

（4）踩住离合器踏板，将取力器开关扳至"开"的位置。此时计时器开始启动。计时器指示出车辆液压系统的累计使用时间。

（5）缓慢地松开离合器踏板。

（6）通过上述操作，产生油压。冬季温度较低时，须在此状态下进行 5min 左右的预热运转。

（7）油门高低速的操作：将油门切换至油门高速，提高发动机转速，以便快速的支撑好支腿，提高工作效率。工作臂操作时，为了防止液压油温过高，油门应调整为中速或怠速状态。在作业中，不要用驾驶室内的油门踏板、手油门来提高发动机的转速。这样会使液压油温度急剧上升，造成故障。

9-7　绝缘斗臂车在作业位置上停放时应注

意哪些事项？

答：（1）尽量选择既水平又坚固的地方停车，并尽量靠近作业对象。不要在支腿的支撑部分无法与地面可靠接触的不平整地面上作业，不要在冻结的路面上进行作业，防止因冻面裂开或解冻引起车辆滑动或翻倒。

（2）必须挂好手刹车，垫好车轮的三角垫块。

（3）除工作人员外，其他人员不得进入工作区。要设置绕道等标志，防止行人、过往车辆进入施工现场。

9-8　绝缘斗臂车在斜坡上的停放时应注意哪些事项？

答：（1）车辆可停放的最大路面坡度为车辆前后方向上 7°以内。不要在超过 7°的路面上停车作业，避免滑行翻车。

（2）车辆要朝下坡方向停，挂上刹车，在全部的车轮下面垫上三角块且车辆停放水平。

9-9　绝缘斗臂车在冻结或积雪路面上停放时应注意哪些事项？

答：（1）车辆在积雪路面停放时，必须先清除积雪，确认路面状况，采取防止滑行的措施后再停放。

（2）车辆在冻结的路面上停放时，避免停放在凹凸不平的路面处，要采用有防滑功能的垫板。放置支腿与收回支腿的顺序与在斜坡路面的顺序相同。

（3）放置后，有时会出现接地指示灯不亮的情况，这是因为水平支腿内框与水平支腿外框之间卷进冰雪而造成的偶发故障。此时，可重复作几次支腿进出动作。如果内外框上有冰雪，除去冰雪即可正常，在确认接地指示灯亮后再进行作业。支腿在收回的时候，也会出现同样的情况，即指示灯不熄灭，可采用同样的方法排除故障。

（4）作业完毕后，路面和支腿的底座之间的支腿垫板可能会冻结黏在一起，这时进行支腿收回作业会使车体倾斜或因冻结的支腿垫板损坏车体。应先敲打支腿垫板，解开冻结后再收回支腿。

9-10　如何进行绝缘斗臂车水平支腿的正确操作？

答：水平支腿操作步骤为：在四个转换杆中，选出欲操作的水平支腿的转换杆，切换至"水平"位置；"伸缩"操作杆扳至"伸出"位置时，水平支腿就会伸出。水平支腿设有不同张幅的绝缘斗臂车，根据不同的张幅，臂的作业范围就会在电脑的控制下作相应的调整。先确认水平支腿伸出方向没有人和障碍物后，再作伸出操作。没有设置支腿张幅传感器的作业车，水平支腿一定要伸出到最大跨距，否则有倾翻的危险。在支腿的位置应放置支腿垫板。

9-11　如何进行绝缘斗臂车垂直支腿的正确操作？

答：垂直支腿操作步骤为：将四个转换杆切换到"垂直"位置；"伸缩"操作杆扳到"伸出"位置，使支腿伸出；先确认支腿和支腿垫板之间没有异物后，再放下支腿。放下垂直支腿后，确认以下几点：① 所有车轮全部离开地面；② 水平支腿张幅最大和垂直支腿着地的指示灯亮；③ 车架基本处于水平状态，设有水平仪的车辆可根据水平仪进行调整。用手摇动各支腿确认各支腿已可靠着地。若未达到上述几点，操作相应的支腿，调节其伸出量或增加支腿垫板。水平支腿不伸出、轮胎不离地、垂直支腿放置不可靠时，车辆会出现倾翻；绝对不允许为加大作业半径，而将支腿捆绑在建筑物上或者装上配重。这样做，会引起车辆倾翻、工作臂损坏等重大事故。不要在几个转换杆分别处于"水平"位置或"垂直"位置的状态下操作水平支腿，这样做会引起水平支腿跑出或使垂直支腿收缩，引起车辆损坏。

9-12 如何进行绝缘斗臂车收回支腿的正确操作？

答：收回操作方法要将各支腿收回到原始状态，按照"垂直支腿→水平支腿"的秩序，进行收回操作，收回后，各操作杆一定要返回到中间位置。

9-13 绝缘斗臂车在操作支腿时应注意哪些事项？

答：（1）作业时，必须铺垫板以加固支腿着地部位。

（2）垫板数量不要超过两块，且必须大的放在下面小的放在上面，保证摆放稳定。

（3）支腿垫板应放在支腿的中心，且正面朝上，避免损坏路面。

（4）支腿垫板及支腿严禁设置在沟槽的上方，防止沟槽盖板破损发生翻车事故。

（5）放置垂直支腿时，要按从前支腿到后支腿的顺序，防止因后轮的离地而使手刹车失去作用，车辆发生滑动。同样的原因，收回支腿时要按先前支腿后后支腿的顺序收回，且左右支腿应同时收回。

（6）支腿撑地后，检查并确认前后轮胎完全离地，车体停放完全水平。

9-14　绝缘斗臂车的接地棒如何进行安装？

答：（1）在电杆的地线上固定地线盘的接地夹子。

（2）上述操作无法进行（近处没有地线）时，在泥地上先泼上水，将接地棒插进 60cm 以上，将地线盘的接地夹子固定在接地棒上，使其可靠地接地。在未安装接地状态下，不得进行带电作

业，也不得在靠近带电电线的地方作业。接地线
要定期检查，确保没有断线。

**9-15 绝缘斗臂车在作业过程中应注意哪些
事项？**

答：（1）在进行作业时，必须伸出水平支腿，
可靠地支撑车体，确认着地指示灯亮后，再进行
作业。水平支腿未伸出支撑时，不得进行旋转动
作，否则车辆有发生倾翻的危险（装有支腿张幅
传感器及电脑控制作业范围的车辆除外）。在固定
水平支腿时，不要使水平支腿支撑在路边沟槽上，
沟槽盖板破损时，会引起车辆倾翻。

（2）斗内工作人员要佩戴安全带，将安全带
的钩子挂在安全绳索的挂钩上。不要将可能损伤
工作斗、工作斗内衬的器材堆放在工作斗内，当
绝缘工作斗出现裂纹、伤痕等，会使其绝缘性能
降低。工作斗内请勿装高于工作斗的金属物品，
工作斗中金属部分接触到带电导线时，有触电的
危险。任何人不得进入工作臂及其重物的下方。
火源及化学物品不得接近工作斗。

（3）操作工作斗时，要缓慢动作。急剧地操

纵操作杆，动作过猛有可能使工作斗碰撞较近的物体，造成工作斗损坏和人员受伤。在进行反向操作时，要先将操作杆返回到中间位置，使动作停止后扳到反向位置。斗内人员工作时，不要使物品从斗内掉出去。

（4）工作中还要注意以下情况：作业人员不得将身体越出工作斗之外，不要站在栏杆或踏板上进行作业。两腿要可靠地站在工作斗底面，以稳定的姿态进行作业。不要在工作斗内使用扶梯、踏板等进行作业，不要从工作斗上跨越到其他建筑物上，不要使用工作臂及工作斗推拉建筑物，不要在工作臂及工作斗上装吊钩、缆绳等起吊物品，工作斗不得超载。

1）水平支腿还未支出时，禁止进行旋转作业，在有屋顶的停车场等地方操作支腿时，防止工作斗碰撞到屋顶。不要将电线杆架在工作斗上，用工作臂抬举电线，不要用吊车进行拉线作业，不要用吊绳横向拉电线。

2）进行起吊作业时，不要让吊绳在支撑角的角上摩擦，防止磨损吊绳。起吊物品时一定要用吊具，不要直接用吊绳来吊重物。

3）操作工作斗摆动时，要先拔掉吊车的旋转固定销，防止摆动工作斗和副吊臂时损坏工作斗。

9-16 绝缘斗臂车在冬季及寒冷地区作业时应注意哪些事项？

答： 在冬季室外气温低及降雪等情况下进行作业时，因动作不便可能引起事故，应注意以下情况：

（1）在降雪后进行作业，一定要先清除工作臂托架的限位开关等安全装置、各操作装置及其外围装置、工作臂、工作斗周围部分、工作箱顶、运转部位等部位的积雪，确认各部位动作正常后再进行作业。

（2）清除积雪时，不要采用直接浇热水的方法，防止热水直接浇在操作装置部位、限位开关部位及检测器等的塑料件上，因温度的急剧变化有可能产生裂痕或开裂，同时也会造成机械装置的故障。

（3）开关及操作杆有可能比正常情况重一些，这是由于低温使得各操作杆的活动部分略有收缩引起的，功能方面不会有问题。在动作之前，多

207

操作几次操作杆，并确认各操作杆都已经返回到原始位置之后，再进行正常作业。由于同样的原因，工作臂在动作中可能出现"噗"或"嚓"的声音，通过预热运转，随着油温及液压部件温度上升，这些声音会随之消失。

（4）作业人员在上下工作斗时，工具箱的上部、车顶踏板处容易滑倒，应小心。容易滑倒，应小心。

（5）下雪天作业之后，在收回工作臂前，先清除工作臂托架上的限位开关处的积雪，然后再收回工作臂。如果不先清除积雪就收回工作臂，就会使积雪冻结，引起安全装置动作不可靠等问题。

（6）在积雪道路上行使时，将车轮挡泥罩上的凝雪清除干净。

9-17　工作斗内的积水如何排出？

答：标准规格的工作斗内如有一半积水，其质量就达 360kg，大大超过工作斗载荷。工作斗内有积水时，为防止工作臂、工作斗破损，应通过以下要领排水：

（1）将车辆设置于水平坚实的地面，将转臂及工作斗设置与工作臂接近垂直。

（2）将工作臂移向车辆后方，水平设置。注意：不要在工作斗内有人或物的情况下进行。必须在下部操作装置进行操作。

（3）一边按下锁定用操纵杆，一边将回转台侧面门扇内的平衡调整换向阀的操纵杆拉向跟前，这时阀就切换到调整倾斜的一侧。

（4）将伸缩开关扳向"伸"的一侧，使工作斗完全前倾斜。

（5）将升降动作往下操作，把工作斗内的积水全部倒出。注意工作斗不要碰到地面。

（6）扫清工作斗内的积水及垃圾，用干净柔软的布块擦净工作斗内侧。

（7）请进行工作斗的水平调整并收回。

注意：不使用及移动时，要给工作斗盖防护罩，以免斗内进水。调整后，将（3）的平衡调整换向阀操纵杆完全复位，并确认锁定用操纵杆已抬起。

9-18 如何进行绝缘斗臂车工作臂的正确

操作？

答：（1）下臂操作（臂的升降操作）。折叠臂式绝缘斗臂车将下臂操作杆扳至"升"，使下臂油缸伸出，下臂升。将下臂操作扳至"降"，使下臂油缸缩进，下臂降；直伸臂式绝缘斗臂车则选择"升降"操作杆，扳至"升"，升降油缸伸出，工作臂升起；扳至"降"，使下臂油缸缩回，工作臂下降。

（2）回转操作。将回转操作杆按标牌箭头方向扳，使转台回转或左回转。回转角度不受限制，可作360°全回转。在进行回转操作前，要先确认转台和工具箱之间是否有人或东西及有可能被夹的其他障碍物。作业车在倾斜状态下进行回转操作，会出现回转不灵活，甚至转不动的情况。因此，一定要使作业车基本水平停放。

（3）上臂操作（伸缩操作）。折叠臂式高空车将上臂操作杆扳至"升"，使上臂油缸伸出，伸缩臂升。将上臂操作杆扳至"降"，使上臂油缸缩回，伸缩臂缩。

9-19 如何进行绝缘斗臂车小吊的正确操作？

答：设有工作斗小吊的绝缘斗臂车小吊的操作，按照下面的顺序进行作业前的准备工作：

（1）把小吊置于水平位置，插入升降调整销，固定小吊；

（2）副臂插进臂架槽，用插销固定；

（3）把滑轮插进副臂的前端，用螺栓固定；

（4）挂好在吊车滚筒内的纤维绳；

（5）确定副臂的位置，升降固定销钩在固定装置，把调整旋转插销放在垂直位置，并固定回转。

9-20　绝缘斗臂车的小吊绳索使用时应注意的事项有什么？

答：（1）不使用小吊时，必须盖好小吊罩盖；

（2）雨天不要使用；

（3）含有水分的绳索要充分干燥后使用；

（4）如只是外层松弛，绳索的强度要下降，所以把整根绳索整平为相同张紧力后使用；

（5）注意小吊绳索卷筒上不要乱卷绕；

（6）为保护绳索前端加工部位，不要将绳索前端红色部位卷入滑轮头部；

（7）为了防止绳索从卷筒脱落，不要把绳索尾部的红色部位抽放至滑轮；

（8）注意绳索不要与锐角物摩擦；

（9）不要把绳索当作挂钩绳子使用；

（10）小吊载荷不应超过斗臂车设置的起重载荷，应按要求操作。

9-21 作业开始前，绝缘斗臂车小吊缆绳应检验的项目和对策如何？

答：绝缘斗臂车小吊缆绳应检验的项目和对策如表 9-1 所示。

表 9-1 绝缘斗臂车小吊缆绳应检验的项目和对策

序号	项 目	现 象	对 策
1	铁环	裂痕	目视检验，有裂痕等操作的铁环要更换
2		磨损、变形	目视检验，有明显磨损变形的铁环要更换
3	末端处理部位	损伤、散线	有 1/2 以上散线时，缆绳内部容易脱落，为防止不脱落，请更换
4	指示器（散线指示，前端为蓝色）	指示器看不见	指示器卷入缆绳中，已看不见时，说明缆绳内部有散线或铁环脱落，需要更换

续表

序号	项目	现象	对　策
5	缆绳	外层损伤	通过目视检验，即使外层只有1根损伤也要更换（毛刺较多处检验时要特别注意）
6	缆绳	内层损伤	在缆绳外侧通过触觉检验，有凹凸的缆绳可能内层已损伤，需要更换
7	缆绳	淋湿	被水淋湿时，绝缘性能降低，可能引起触电事故，绝对不要用于接近带电线的作业。与干燥时相比，抗拉强度下降 85%，请充分干燥后再使用
8	吊钩的防脱落装置	操作	通过目视检验，如有损伤请更换
9	钩环	松动	确认螺钉是否已拧紧，如有松动请拧紧

9-22　绝缘斗臂车在行驶中应注意哪些事项？

答：（1）作业车在行驶时，必须达到以下状态：工作臂、工作斗及支腿收回到原始位置；小吊副臂移至水平位置；扣好小吊回转固定销；卸下液压工具油管；接地线收到滚筒上。若不收回

213

工作臂、工作斗及支腿时行驶，将改变车辆的尺寸和平衡，是十分危险的。不要在工作斗内载人的状态下行驶。

（2）全部卸下工作斗内的工具等物品，然后盖好工作斗外罩。工作斗内装载工具等重物时行驶，因行驶的振动可能会造成工作斗装置的损坏。行驶时，将工作斗收回到原始位置并可靠地挂好固定工作臂的缆绳或工作斗的缆绳。绝缘斗臂车带有高空作业装置，比一般车辆重，重心也较高。因此不能急刹车，不能急拐弯，以防止发生翻车事故。在下雪天时，为防止各机械及操作装置冻结，要装好工作斗外罩。

（3）将取力器开关关闭，确认电源指示灯熄灭，取力器脱开。取力器开关在接通的状态下行驶，因油压发生装置处于工作状态，可能造成工作臂等装置动作和油压发生装置的损坏。

（4）轮胎的气压过低会降低行驶的安全性，轮胎的气压要保持在规定的压力范围内，更换轮胎时，要使用规定的轮胎。

（5）在长坡道、雨天、冰冻及积雪路面上行驶时，因刹车性能减弱，要控制车辆的行驶速度。

（6）行驶在有高度限制的道路上，要注意不要使工作臂部分和工作斗碰到建筑物上，作业车的总高度标示在驾驶室内的铭牌上。在松软的道路、木桥及有质量限制的道路上行驶时，应先确认能否行驶。

（7）在工具箱及装载区堆放工具等物品，装载时不许偏载，不许超载，要可靠地固定，以防因行驶中的振动而倒塌。在行驶前，要可靠地关闭工具箱的门并加上锁。

（8）作业车因有高空作业装置，后方的视野较差，在倒车时，必须有人指挥，按照指挥者的指令驾驶。

（9）由高空作业装置上掉下来的液压油或润滑脂等沾在前挡风玻璃上时，会使视线变差，要注意清除。

9-23　绝缘斗臂车的定期检查有何要求？

答： 在开始作业之前，应进行作业前的检查。

每月进行一次定期的自行检查（月度检查及年度检查），并将检查的结果记录保存。

带电绝缘斗臂车，需要在每 6 个月内作一定期的绝缘性能方面的检查。

在作定期检查的时候（包括日常维护、作业前检查、维修等），不要进入工作臂及工作斗的下方。

9-24 高空作业中的危险点防范措施有哪些？

答：（1）作业时必须用安全带。进入工作斗后立即把安全带钩挂在规定的位置。安全带必须牢靠地挂在安全带用扣环（安全缆绳扣环）上。

（2）发动机启动后，应用低速充分预热运转。

（3）将工作斗出入口处的升降档杆提升到固定的状态下使用。

（4）勿在工作臂或工作斗下面站人。

（5）进行气割、焊接作业时，要采取加盖等防护措施，以防焊渣、碎铁片伤及液压软管或油缸的缸杆部位以及车辆其他部位，同时防止焊接火花进入车体引起车辆火灾事故。

（6）作业前认真确认周围状况，按操作铭牌上的指示进行操作。

（7）手柄操作不要过急，否则操作者有可能从工作斗上振落。

（8）回转时要特别注意防止扶手上的手夹进斗与建筑物等的间隙里。

（9）回转和工作臂操作不要同时进行，否则有操作人员从工作斗震落的危险。

（10）两人以上作业时，为了防止因相互联络不便引起的事故，应指定指挥人、规定信号，在其指挥下进行作业。

（11）夜间作业时，确认作业现场的照明，尤其是操作装置部位。为了防止误操作，应保证一定的亮度。

9-25　为防止坠落危险，绝缘斗臂车禁止哪些作业？

答：（1）身体从工作斗探出进行作业。

（2）在扶手或踏板上进行作业。

（3）使用人字梯或脚凳进行作业。

（4）从工作斗跨越到其他建筑物上去。

（5）将工作臂当作梯子使用进行作业或移动。

（6）防止物品从工作斗上掉落，以免砸伤通行中的人或车辆。上下传递物品请使用专用的传递袋。

9-26 为防止车辆翻倒及破损、工作斗平衡装置失灵、在作业中工作斗反转等重大事故，绝缘斗臂车绝对禁止哪些作业？

答：（1）用工作臂及工作斗的操作来推或拉电线或建筑物。

（2）用在工作臂及工作斗上固定吊钩、缆绳等方法起吊物品。

（3）工作斗内搭载超过额定载荷的货物。

（4）在工作斗内装载钢材或电线，用工作臂的操作来起吊。

（5）将车体捆绑在其他建筑物上进行作业。

9-27 绝缘斗臂车的操作禁令有哪些？

答：（1）严禁违反说明书的有关规定进行操作，严禁车辆带故障作业。

（2）严禁水平支腿和垂直支腿不伸出（支撑）的情况下进行起重和登高作业。

（3）严禁工作斗超载和操作人员不系安全带作业。

（4）严禁在超出起重特性曲线设定的范围进行起吊作业。

（5）严禁用吊钩横向拖拉重物。

（6）严禁起重、登高同时作业。

（7）严禁在取力齿轮未脱离的状态下行驶车辆。

（8）严禁工作臂、工作斗、支腿未收至行驶状态的情况下行驶车辆。

（9）严禁车辆超载。

（10）严禁使用起重装置拔电线杆等物。

（11）严禁在放下垂直支腿后，再伸出水平支腿；或在没有收回垂直支腿的情况下收回水平支腿。

（12）严禁在没有松开起重吊钩钢丝绳的情况下，伸缩伸缩臂。

（13）禁用工作斗或臂架抬举电线、建筑用梁柱等任何重物。

（14）严禁上臂与水平夹角超过 70°±5°工况下，强行作业。

（15）严禁在汽车挡风玻璃处松开吊钩钢丝绳。

（16）严禁在下臂未离开托架前操作转台回转。

（17）严禁在起重吊钩吊起重物的情况下，伸缩伸缩臂。

（18）严禁在回转台周围放置杂物，以防止被夹入回转机构，造成车辆损坏。

（19）严禁自行改造车辆。

9-28　绝缘斗臂车在作业过程中安全距离有哪些规定？

答：10kV 绝缘斗臂车在作业过程中绝缘臂的最小绝缘长度为 1m，即绝缘臂伸出长度至少为 1m；绝缘臂下节的金属部分，在仰起回转过程中，对带电体的距离至少为 1.5m。

第二节　绝缘斗臂车的检测与保养

9-29　绝缘斗臂车的一般检测项目有哪些？

答：（1）斗及斗内衬耐压及泄漏电流检测；

（2）绝缘臂的耐压及泄漏电流检测；

（3）工作斗内小吊车臂耐压检测；

（4）悬臂内绝缘拉杆耐压检测；

（5）整车耐压及泄漏电流检测；

（6）液压软管的性能检测；

（7）液压油耐压检测。

9-30 10kV 绝缘斗臂车的工作斗、工作斗内衬、工作臂的交流耐压和泄漏电流试验的电气性能是什么？

答：10kV 绝缘斗臂车的工作斗、工作斗内衬、工作臂的交流耐压和泄漏电流试验一般采用连续升压法升压，试验电极采用其 12.7mm 的导电胶带设置，其电气性能要求如表 9-2 所示。试验中无火花、飞弧、击穿、明显发热为合格。

表 9-2　工作斗、工作斗内衬、工作臂的
交流耐压和泄漏电流试验参数

额定电压（10kV）	试验距离（m）	1min 工频耐压（kV）		交流泄漏电流	
		型式试验	出厂试验	试验电压（kV）	泄漏电流（μA）
10	0.4	100	50	20	≤200

9-31　10kV 绝缘斗臂车整车交流耐压和泄漏电流试验的电气性能是什么？

答：绝缘斗臂车的绝缘臂车按其在接地部分与工作斗之间是否有承受带电作业电压的胶皮管、液压油、光缆、平衡拉杆等情况，试验方法与要求有所不同。

（1）接地部分与工作斗之间仅有绝缘臂绝缘的斗臂车，其试验参数如表 9-3 所示。

表 9-3　接地部分与工作斗之间仅有绝缘臂绝缘的斗臂车的试验参数

额定电压 (10kV)	试验距离 (m)	1min 工频耐压 (kV)		交流泄漏电流	
		型式试验	出厂试验	试验电压 (kV)	泄漏电流 (μA)
10	0.4	100	50	20	≤500

（2）具有上下操作功能及自动平衡功能（有承受带电作业电压的胶皮管、液压油、光缆、平衡拉杆等）的斗臂车，其试验参数如表 9-4 所示。

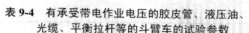

表9-4 有承受带电作业电压的胶皮管、液压油、光缆、平衡拉杆等的斗臂车的试验参数

额定电压 (10kV)	试验 距离 (m)	1min 工频耐压 (kV)		交流泄漏电流	
		型式 试验	出厂 试验	试验电压 (kV)	泄漏电流 (μA)
10	1	100	50	20	≤500

（3）基臂上具有绝缘臂段的斗臂车，施加的交流工频电压值为50kV，加压时间为10min。

9-32 绝缘斗臂车的润滑油供给部位及更换周期如何？

答：绝缘斗臂车的润滑油供给部位及更换周期如表9-5所示。

表9-5 绝缘斗臂车的润滑油供给部位及更换周期

序号	润滑部位	润滑点数数量	润滑周期	润滑方法	润滑油种类
1	吊钩轴承	1	六个月	油枪注入	锂基润滑脂ZL-2
2	吊钩滑轮轴	1	三个月	油枪注入	锂基润滑脂ZL-2

续表

序号	润滑部位	润滑点数数量	润滑周期	润滑方法	润滑油种类
3	钢丝绳滑轮	1	三个月	油枪注入	锂基润滑脂ZL-2
4	上、下臂连接轴	2	一个月	油枪注入	锂基润滑脂ZL-2
5	上臂油缸轴	2	一个月	油枪注入	锂基润滑脂ZL-2
6	下臂油缸轴	2	一个月	油枪注入	锂基润滑脂ZL-2
7	卷扬减速器	1	六个月	换油	L-CKE460
8	小臂上臂连接轴	2	一个月	油枪注入	锂基润滑脂ZL-2
9	下臂轴	2	一个月	油枪注入	锂基润滑脂ZL-2
10	工作斗轴	2	一个月	油枪注入	锂基润滑脂ZL-2
11	回转减速器	1	六个月	换油	L-CKE460
12	回转支承	4	二个月	油枪注入	锂基润滑脂ZL-2
13	液压油箱	1	六个月（第一次500h）	换油	L-HM32液压油（中国北方地区冬季用L-HM32低倾点抗磨液压油）

第十章　配电线路带电作业要求

第一节　配电线路带电作业的一般要求

10-1　常规带电作业应在何种气象条件下进行？有何特殊规定？

答： 常规带电作业应在天气晴朗、风力不超过 5 级（8m/s）的干燥白天进行，同时应根据地区习惯，适当作出低温条件和湿度条件的限制。

在特殊情况下，如必须在雨、雪、雾等恶劣天气进行带电抢修时，必须对采用的作业方法进行充分论证，并采取相应的特殊安全措施，经局（厂）总工程师批准后方可进行。

10-2　气温对带电作业安全有哪些影响？

答： 气温对带电作业安全的影响应从两个方面考虑：① 气温对人体素质产生的影响：气温过高或过低，特别是过低气温将直接影响到体力的发挥和操作的灵活性与准确性。由于中国幅员辽阔，气候条件差异极大，作业人员对气温的适应程度各不相同，确定带电作业极限气温要因地制宜（例如，东北地区的低温极限为−25℃，南方地区则应考虑高温极限）。② 设计带电作业工具也必须考虑气温对使用荷重（如导线张力）的影响，以便能根据适当的气温条件设计出安全、轻便、适用的工具。

10-3　风力对带电作业安全有哪些影响？

答：风力对带电作业的影响是多方面的。① 增加操作难度。过强的风力影响间接操作的准确性，使各种绳索难以控制；过大的风力也给杆塔上下指挥信息传递造成困难。② 降低安全水平。过高的风力会增加工具承受的机械荷重（指水平风压荷重），改变杆塔的净空尺寸（指导线风偏角增大）；风向和风力会改变电弧延伸方向和延伸长度；风力也会扩大爆后导电气团的影响范围；风向还会加大水冲洗的邻近冲闪效应。特别是在塔头加高、铁塔整体加高及杆塔移位工作中，过大的风力也会引发极大的危险性。在直流带电作业中，风力和风向会影响高压直流电场中的离子流密度。③ 影响检修效果。风力直接影响水冲洗的效果，也会降低喷涂硅油的效率。因此，《电业安全工作规程（电力线路部分）》（DL 409—1991）中特别对风力级别作出了统一的限制（不超过 5 级风）。

10-4　雷电对带电作业安全有哪些影响？

答： 远方（20km 以外）雷电活动对带电作业构成的危险，在制定安全距离时已作了充分考虑，可不必担心；但判断现场作业区附近是否发生雷电活动，仍然是保证带电作业安全的关键，因为近距离直击雷及感应雷形成过电压的幅值将远远超过制定安全距离时估计的数值，即便满足安全距离也难保不发生危险。所以，凡是作业现场可闻雷声或可见闪电，都应该密切关注雷电活动的发展趋势，判断它是否可能波及作业现场，并采取果断措施（如暂停作业）。除非能够确切判断 10km 半径内无雷电活动，才能继续完成作业任务。

10-5　雨、雪、雾和湿度对带电作业安全有哪些影响？

答：雨水淋湿绝缘工具会增加泄漏电流并引发绝缘闪络（如绝缘杆的闪络）和烧损（如尼龙绳的熔断），造成严重的人身或设备事故。所以，不仅严禁雨天进行带电作业，而且还要求工作负责人对作业现场能否会突然出现降雨有足够的预见性，以便及时采取果断措施中断带电作业。

雾的成分主要是小水珠，对绝缘工具的影响与雨水相似，只不过绝缘受潮的速度慢一些，往往被误认为没有危险。所以，《电业安全工作规程（电力线路部分）》（DL 409—1991）也明文规定下雾天气禁止带电作业。

严冬降雪一般对绝缘工具的影响较小，因为一旦发现降雪是可以从容撤出绝缘工具的；初春降下的黏雪会很快融化为水，它与空气中的杂质掺和在一起，降低绝缘的效果甚至比雨水还要严重。所以，一旦作业途中突降黏雪，工作负责人应按降雨情况应急处理。

有资料表明：雨和雾也会影响高压直流电场中的离子流密度，对等电位作业人员的舒适程度造成轻微影响。

10-6　对配电线路带电作业人员有何要求？

答：（1）配电带电作业人员应身体健康，无妨碍作业的生理和心理障碍。应具有电工原理和电力线路的基本知识，掌握配电带电作业的基本原理和操作方法，熟悉作业工具的适用范围和使用方法。通过专门培训，考试合格并具有上岗证。

（2）熟悉《电业安全工作规程（电力线路部分）》（DL 409—1991）和《配电线路带电作业技术导则》（GB/T 18857—2008）。会紧急救护法、触电解救法和人工呼吸法。

（3）工作负责人（包括安全监护人）应具有三年以上的配电带电作业实际工作经验，熟悉设备状况，具有一定组织能力和事故处理能力，经领导批准后，负责现场的安全监护。

10-7　对配电线路带电作业新项目、新工具有何要求？

答：配电带电作业的新项目、新工具必须经过技术鉴定合格，通过在模拟设备上实际操作，确认切实可行，并订出相应的操作程序和安全技术措施。经本单位总工程师批准后方能在运行设备上进行作业。

10-8　对配电线路复杂的带电作业项目有何要求？

答：凡是比较重大或较复杂的作业项目，必须组织有关技术人员、作业人员研究讨论，订出相应的操作程序和安全技术措施，经本部门技术负责人审核，本单位总工程师批准后方能执行。

10-9　带电作业工作负责人应特殊具备哪些条件？肩负哪些安全责任？

答：带电作业工作负责人除具备基本体质、素质条件外，还应具备以下特殊条件：熟悉设备状况，有一定组织能力和带电作业经验，体察工作班成员的身心状况，待人和善，不易发怒，对意外事件有一定预见能力和应对能力。

工作负责人在执行工作票的全过程中肩负以下安全责任：① 正确、安全地组织工作；② 结合工作内容进行安全思想教育；③ 督促并监护工作人员遵守安全规程；④ 判断工作票所列的安全措施是否正确完备；⑤ 作业前对工作成员妥善交待安全事项；⑥ 工作班成员的变动是否能够适应安全需求。

10-10　带电作业监护工作由何种人担任？为什么不允许监护人参加具体操作？

答：一切带电作业工作均应设专人监护。通常情况下，监护人由工作负责人兼任，个别情况下也可由工作负责人指定其他有实践经验的人员担任。

带电作业的监护工作必须全神贯注、自始至终、连续不断地进行。如果监护人参加了某项具体操作，就会失去监护工作的连续性，所以不允许监护人参与具体操作。如果监护人的工作必须中断（例如，监护人临时离开现场），则工作班的所有操作行为也必须临时停止。

10-11　在什么情况下增设塔上监护人，他与地面监护人的职责有何不同？

答：大型、复杂的带电作业项目和高杆塔上

231

的带电作业工作，可增设塔上监护人，并由工作负责人指定。塔上监护工作是地面监护工作的加强与补充，他只对塔上操作人员的安全负责，有权独立、即时地制止操作人员的不安全行为举止。地面监护人（工作负责人）是监护工作的总负责人，有权纠正塔上监护人发出的错误指令。

10-12　一般带电作业工作人员应遵守哪些纪律和要求？

答：一般带电作业人员应遵守以下纪律和要求：① 服从命令听指挥，认真完成负责人分配给自己的岗位工作。② 主动、及时向工作负责人反映自己的健康状况，不隐瞒可能危及他人安全的不良情绪。③ 工作期间不饮酒，保证个人有充足的睡眠。④ 克服停电作业的不良习惯，自觉坚持良好的工作习惯。例如，接触绝缘工具要戴干净的手套，操作中不随意磕碰、损伤绝缘杆的表面，工作中不说不做与工作无关的话与事。

10-13　带电作业一般成员肩负哪些责任与权利？

答：带电作业一般成员应承担以下安全责任：① 认真执行安全规程及操作规程的各项规定，无条件执行工作票要求的安全措施。② 按岗位分工及时、准确完成各项操作命令。③ 关心其他人员的安全及其相关的操作行为，实行有效的监督。

带电作业一般成员有权拒绝执行工作负责人及塔上监护人发出的错误命令，必要时可越级向工作领导人申诉。

10-14 何谓"重合闸"？带电作业中停用重合闸措施的意义是什么？

答："重合闸"是防止系统故障扩大的继电保护装置，目的是消除瞬时故障，减少事故停电时间。例如，阵风使线路对塔材放电，断路器跳闸后，重合闸继电器在数秒内使开关自动合闸，如果阵风消失，线路恢复正常，则重合成功，减少了一次停电；如果故障继续存在，断路器会再次跳开，重合闸将再次动作，……，一般最多重合3次后停止。

重合闸每动作一次，就有一次产生过电压的机会（断路器切断故障电流或接通空载电流都会产生过电压）。由此可知，如果停用了重合闸就可减少系统产生过电压的概率，这就相对减少了带电作业的危险性。作为提高作业安全水准的补偿措施，如果等电位作业人员已发生意外事故，停用重合闸又可防止作业人员遭受二次伤害。

10-15 带电作业停用重合闸有哪些积极作用？又会产生哪些负面影响？

答： 实际上，停用重合闸只起到一种后备保护作用，而且只能在带电作业由于自身差错造成的事故中起到这种作用。它的积极作用就是防止事故后果扩大化。例如，由于作业距离不足造成放电，线路跳闸经过重合，线路上再次充电势必加剧人员烧伤或其他后果。

停用重合闸并非万全的后备措施，因为它也会带来以下负面影响：① 延误线路瞬间故障的消除。例如，由于风害、鸟害、雷害造成的瞬间故障将得不到及时处理，增加了事故次数和经济损失。② 占用了宝贵作业时间。停用线路重合闸，必须履行调度的一系列审批程序，往往会让带电作业失去最佳的作业时间。

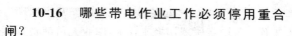

10-16　哪些带电作业工作必须停用重合闸？

答：带电作业有下列情况之一者，必须停用重合闸：

（1）中性点有效接地系统中，有可能引起单相接地的作业项目。例如，在"上"字形杆塔的上线进行引线直连项目，存在单相接地的可能性。

（2）中性点非有效接地系统中，有可能引起相间短路的作业项目。例如，在多层母线的最上层进行直连、短接工作，存在相间短路的可能性。

（3）工作票签发人或工作负责人认为有必要停用重合闸的作业项目。例如，新项目、新人员首次带电模拟操作训练，操作内容十分繁杂、作业范围超越一杆一塔、参与人数众多的作业项目，停用重合闸都会产生积极的效果。

10-17　哪些带电作业项目需要事先了解电力系统运行方式和接线方式？

答：凡是需要系统中的某断路器、某隔离开关配合带电作业倒闸操作的项目（例如，切断空载线路）或者引起系统潮流分布发生变化的带电作业项目（例如，两条线路"并环"及"解环"工作、备用变压器切换工作），作业人员都必须事先了解线路原始运行方式和原始接线方式。

原始运行方式是指作业前的运行状态（例如，同一母线的配出线是并列运行还是开口运行）；接线方式是指作业前线路的供电方式（例如，作业线路是单电源供电还是双电源供电）。

了解上述情况的目的，是为了编制带电作业涉及断路器和隔离开关的操作程序，提出涉及断路器和隔离开关的确切编号，明确哪些断路器需要停用重合闸及其他继电保护装置。

第二节　配电线路带电作业的工作制度

10-18　带电作业前为什么要进行现场勘察？勘察工作有哪些内容？

答： 为了对带电作业工作的必要性和可能性作出准确的判断，以便最终确定采用的具体作业方法、安全措施和工具器材，带电作业前必须预先完成现场勘察工作。

现场勘察的内容有：作业杆塔型式及设备间

距、工具将承担的机械荷重、线路的交叉跨越状况、设备缺陷的部位及严重程度、涉及使用器材的规范、沿途道路及地形状况、通信联络条件等。

10-19 带电作业工作执行哪一种工作票,工作人员怎样具体分工?

答: 线路带电作业工作必须执行《电业安全工作规程(电力线路部分)》(DL 409—1991)规定的"线路第二种工作票",也可执行特殊设计的"带电作业工作票"。

工作票上的所有人员应按照工作领导人、工作负责人、监护人(包括地面监护和塔上监护)、地面电工、塔上电工等名称进行分工。含有等电位作业内容的工作,还应明确等电位电工的具体人选。

10-20 怎样正确填写、执行带电作业工作票?

答: 工作票必须一式两份,最好由工作负责人亲自填写(或由负责人委托班组技术人员填写）。工作票应按以下步骤正确填写和执行：

（1）填写阶段。内容包括：工作班组名称、工作票编号、工作负责人（兼监护人）及工作班成员姓名、计划工作时间（准确到年、月、日、时、分）、工作任务（包括设备名称、电压等级、工作地段、缺陷内容及数量）、工作条件（双回线路者应明确设备的双重称号）、安全注意事项（包括具体安全距离数据、主要安全措施及注意事项）。

（2）审查阶段。由工作负责人送交工作领导人当面会审，共同会签（双方亲笔签名或盖章）。

（3）许可阶段。出发前或达到现场后，工作负责人通过电话与值班调度员联系，得到许可开始工作的命令后，在现场填写许可工作的时间（准确到年、月、日、时、分）和许可人的姓名（在变电站内工作，许可内容由变电站的许可人亲自填写）。

（4）执行阶段。工作负责人根据具体情况，在备注栏内填写补充安全措施或程序示意图，由工作负责人向全体人员宣读，进行必要讲解和考问。

（5）终结阶段。工作结束后，工作负责人向值班调度员报告工作完成情况，填写终结时间（准确到年、月、日、时、分）。

（6）保存阶段。执行完毕的工作票，工作负责人应签署"已执行完毕"章，并由班组技术员存档保管，保管期不得少于一年。

10-21　带电作业工作票的有效期限是怎样规定的？

答：带电作业工作票的有效期以批准的作业期为限。作业期以完成内容相同的具体任务为准。特殊情况下（例如，因气候突变等原因造成作业临时中断，不能在原计划期间完成规定检修任务），可延长工作票的使用期限，但只有原工作票的签发人有权做出工作票延期的决定。

10-22　带电作业工作票签发人应符合哪些要求？肩负何种责任？

答：带电作业工作票签发人应当掌握工作班成员素质和能力、熟悉设备状况、知晓《电业安全工作规程（电力线路部分）》（DL 409—1991）

和《配电线路带电作业技术导则》（GB/T 18857—2008）的行政领导或技术负责人担任。工作签发人的名单应经过局级主管生产的领导（含总工程师）批准并书面发布。工作票签发人应对下列事项负责：

（1）工作的必要性。

（2）工作的安全性。

（3）工作票填写内容是否正确完备。

（4）派出的工作负责人及工作班成员是否恰当、充足，全体成员精神状态是否良好。

10-23　带电作业为什么要与系统调度联系，它与停电作业许可制度有无区别？

答：工作许可制度一般是为停电作业工作制定的。根据《电业安全工作规程（电力线路部分）》（DL 409—1991）规定：填用第二种工作票的工作，不需要履行工作许可手续，但使用第二种工作票进行的带电作业，工作开始前必须向调度联系。因此，我们可以理解为：带电作业前后履行的联系工作，不存在许可者与被许可者的关系。联系工作的真实目的在于让调度员掌握系统中何时、何地、何设备、何班组正在进行带电作业，以便调度员处理系统异常情况时能够尽可能地照顾带电作业人员的安全（例如，线路事故跳闸后是否进行强送电）。

10-24　什么是"强送电"和"约时送电"？带电作业中允许这两种做法吗？

答：电力系统故障跳闸时，一般重合闸都能够自动恢复断路器至合闸状态，如果故障没有消除则断路器又会再次跳闸。在此基础上，如果调度人员重新命令变电站值班员进行手动合闸送电，这种送电行为被称为"强送电"。

调度人员与停电作业人员之间如果事先约定在某一时刻（例如，线路停电 10h 后）之后，双方无须经过联系就恢复线路送电，这种送电行为被称为"约时送电"。

带电作业中，不仅严格禁止调度人员"强送电"，也禁止调度人员与现场人员有任何形式的送电约定（例如，发生事故跳闸 30min 后执行强送电）。正确的做法是：带电作业的线路发生意外跳闸，调度人员必须想尽办法与现场人员取得联系，

241

确知跳闸原因与带电作业本身无关，才能够实行强送电；如果跳闸是带电作业造成的，调度人员必须确切知道作业人员已经脱离故障点，才能考虑恢复送电。

10-25　在什么情况下可以中断带电作业工作？中断前后应注意哪些事项？

答：带电作业一般不允许中途停顿，除非连续作业时间超过半天以上（如需要用餐），或气象条件发生突变（如降雨、打雷等），方可临时中断。

正常的工作间断必须做到：将杆塔上承受张力部件或接触带电设备的绝缘工具撤下，恢复设备至完好的运行状态。

意外的工作间断也需做到：将来不及撤离的工具临时固定，紧急撤下杆塔上的全部工作人员，并留专人在现场看守。恢复意外间断的工作前，必须检查未被撤离的工具是否完好无损，确认无安全问题后方可继续尚未完成的工作。

10-26　对带电作业监护有何要求？

答：（1）配电带电作业必须有专人监护，工作负责人（监护人）必须始终在工作现场行使监护职责，对作业人员的作业方式、步骤进行监护，及时纠正不安全的动作，监护人不得擅离岗位或兼任其他工作。

（2）工作负责人因故必须离开岗位时，可交给有资格担任监护的人员负责，但必须将现场情况、安全措施和工作任务交代清楚。

第三节 配电线路带电作业典型项目的操作要领

10-27 绝缘工具作业法断引流线如何进行？

答：1. 人员组合

作业人员共 4 人，即工作负责人（安全监护人）1人，杆上电工 2 人，地面电工 1 人。

2. 专用工具配置

绝缘工具作业法断引流线的专用工具如表 10-1 所示。

表 10-1 绝缘工具作业法断引流线的
专用工具配置表

序 号	工 具 名 称	数 量
1	绝缘传递绳	1
2	绝缘锁杆	1
3	绝缘扎线剪	1
4	绝缘三齿扒	1
5	并沟线夹装拆杆	1
6	绝缘套筒扳手	1
7	引流线夹操作杆	1
8	拉闸操作杆	1
9	导线遮蔽罩、引线遮蔽罩及软质绝缘罩	若干
10	安装遮蔽罩操作杆	若干

3. 作业步骤

(1) 全体作业人员列队宣读工作票。

(2) 拉开引流线后端线路开关或变压器高压侧的跌开式熔断器,使所断引流线无负荷。

(3) 登杆电工检查登杆工具和绝缘防护用具;穿戴上绝缘靴、绝缘手套、绝缘安全帽及其他绝缘防护用具。

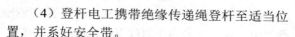

第十章 配电线路带电作业要求

（4）登杆电工携带绝缘传递绳登杆至适当位置，并系好安全带。

（5）地面电工使用绝缘传递绳将绝缘操作杆和绝缘遮蔽用具分别传至杆上。杆上电工应用绝缘操作杆由近及远对邻近的带电部件安装绝缘遮蔽罩。

（6）地面电工使用绝缘传递绳将绝缘锁杆传给杆上电工。由杆上 1 号电工用绝缘锁杆锁住靠近线路一端的引流线。

（7）断开引流线可用以下几种方法：

1）缠绕法。地面电工将扎线剪及三齿扒传至杆上，由杆上 2 号电工将引下线与线路主线连接的绑扎线拆开并剪断。

2）并沟线夹法。地面电工将并沟线夹装拆杆及绝缘套筒扳手传至杆上，由杆上 2 号电工用并沟线夹装拆杆夹住并沟线夹。然后，交由杆上 1 号电工稳住并沟线夹装拆杆，杆上 2 号电工用绝缘套筒扳手拆卸并沟线夹。

3）引流线夹法。地面电工将引流线夹操作杆传至杆上，由杆上 2 号电工用引流线夹操作杆拆卸引流线夹，使引流线夹脱离主导线。

245

（8）杆上 1 号电工用绝缘锁杆锁住引流线徐徐放下，杆上 2 号电工将放下的引流线固定在横担或电杆上，防止其摆动或影响作业。

（9）拆除引流线的另一端，并放下引流线至地面。

（10）应用上述同样方法可拆除另两相的引流线。

（11）由远到近地逐步拆除绝缘遮蔽装置，并一一放置地面。

（12）检查完毕后，杆上电工返回地面。

4. 安全注意事项

（1）严禁带负荷断引流线。

（2）作业时，作业人员对相邻带电体的间隙距离、作业工具的最小有效绝缘长度应满足《电业安全工作规程（电力线路部分）》（DL 409—1991）、《配电线路带电作业技术导则》（GB/T 18857—2008）的要求。

（3）作业人员应通过绝缘操作杆对人体可能触及的区域的所有带电体进行绝缘遮蔽。

（4）断引应首先从边相开始，一相作业完成后，应迅速对其进行绝缘遮蔽，然后再对另一相开展作业。

（5）作业时应穿戴齐备安全防护用具。

（6）申请停用重合闸。

10-28 绝缘工具作业法接引流线如何进行？

答： 1. 人员组合

作业人员共 4 人，即工作负责人（安全监护人）1 人，杆上电工 2 人，地面电工 1 人。

2. 专用工具配置

绝缘工具作业法接引流线的专用工具如表 10-2 所示。

表 10-2　　绝缘工具作业法接引流线的
专用工具配置表

序号	工 具 名 称	数量
1	绝缘传递绳	1
2	绝缘锁杆	1
3	绝缘扎线剪	1
4	并沟线夹装拆杆	1
5	绝缘套筒扳手	1
6	引流线夹操作杆	1

续表

序号	工 具 名 称	数量
7	绝缘测距杆（绳）	1
8	绝缘绕线器	1
9	并沟线夹	3～6
10	拉闸操作杆	1
11	导线遮蔽罩、引线遮蔽罩及软质绝缘罩	若干
12	安装遮蔽罩操作杆	1
13	引流线	3

3. 作业步骤

（1）全体作业人员列队宣读工作票。

（2）拉开引流线后端线路开关或变压器高压侧的跌开式熔断器，使所接引流线无负荷。

（3）登杆电工检查登杆工具和绝缘防护用具；穿戴上绝缘靴、绝缘手套、绝缘安全帽及其他绝缘防护用具。

（4）登杆电工携带绝缘传递绳登杆至适当位置，并系好安全带。

（5）地面电工使用绝缘传递绳将绝缘操作杆和绝缘遮蔽用具分别传至杆上，杆上电工利用绝缘操作杆由近及远对邻近的带电部件安装绝缘遮蔽罩。

（6）杆上两电工相互配合利用绝缘杆（绳）测量所接引线的长度，并由地面电工按测量长度做好引流线。

（7）地面电工将做好的引流线用绝缘传递绳传至杆上，再将绝缘锁杆传至杆上。

（8）杆上电工可直接接好无电端的引流线（三相引流线可分别连接好，并固定在合适位置以避免摆动）。

（9）带电端引流线的连接可采用以下几种方法：

1）在裸导线上接引流线。

① 并沟线夹法。地面电工将并沟线夹及装拆杆传至杆上，杆上 1 号电工用绝缘锁杆锁住引流线的另一端，送到带电导线接引位置并固定好，杆上 2 号电工用并沟线夹装拆杆作业，将并沟线夹安装在线路导线及引流线上，并沟线夹的一槽卡住导线，一槽卡住引流线。地面电工将套筒扳手操作杆传至杆上，由杆上 1 号电工拧紧并沟线夹各螺栓。

② 引流线夹法。地面电工将引流线夹操作杆传至杆上，杆上 1 号电工用绝缘锁杆锁住引流线的另一端，送到带电导线接引位置，杆上 2 号电工用引流线夹操作杆将引流线夹挂在带电导线上，并拧紧螺栓，使引流线夹与导线紧密固定。

③ 缠绕法。地面电工：将绑扎线缠绕在绕线器上并注意保证扎线的长度，再传给杆上 2 号电工。杆上 1 号电工用绝缘锁杆锁住引流线的另一端，送到带电导线接引位置，杆上 2 号电工安装绕线器并进行缠绕，直到缠绕长度符合要求为止，地面电工将扎线剪传给杆上，由杆上电工剪掉多余的绑扎线，并放下绕线器。

2）在绝缘线上接引流线。

① 绝缘线刺穿线夹法。地面电工将绝缘线刺穿线夹及装拆杆传至杆上电工，杆上 1 号电工用绝缘锁杆锁住引流线的另一端，送到带电绝缘导线接引位置并固定好；杆上 2 号电工用绝缘线刺穿线夹装拆杆作业，将绝缘线刺穿线夹安装在绝缘线路导线及引流线上。绝缘线刺穿线夹的一个槽卡住绝缘导线，另一槽卡住绝缘引流线。地面电工将绝缘扳手（或套筒扳手）操作杆传给杆上

电工，由杆上 2 号电工拧紧刺穿线夹的上螺母连接处至断裂为止。

②缠绕法。杆上 1 号电工在需接引流线处确定位置和尺寸，用端部装有绝缘线削皮刀的操作杆沿绝缘线径向绕导线切割，切割时注意不要伤及导线。然后在相距 220～250mm 的两个径向切割处间纵向削导线绝缘皮，注意不要伤及导线。待绝缘皮削去后，用绝缘杆将已缠绕好绑扎线的引流线的另一端（端头已削去绝缘皮）送到已削去绝缘皮的带电导线引流线位置，杆上 2 号电工安装绕线器并进行缠绕。应注意 70mm 及以上的导线缠绕长度为 200mm，地面电工将 3M 胶带传给杆上电工，由杆上电工对裸露部分进行缠绕包扎，以防雨水进入绝缘线内。

应注意，拧紧绝缘线刺穿线夹时一定要拧上边的螺母，待上下螺母间的连接处断裂后，证明刺穿线夹已将绝缘皮刺穿并与导线接触良好。此时不应再拧紧螺母，以免刺伤导线。引流线夹法与并沟线夹法也可用在绝缘线上，绝缘线去外皮方式等与缠绕法中所述相同。

（10）调正引流线，使之符合安全距离要求且

251

外形美观。

（11）应用上述同样方法可连接另两相的引流线。

（12）由远到近地逐步拆除绝缘遮蔽装置，并一一放置地面。

（13）检查完毕后，将作业工具带回地面，杆上电工返回地面。

4. 安全注意事项

（1）严禁带负荷接引流线，接引流线前应检查并确定所接分支线路或配电变压器绝缘良好无误，相位正确无误，线路上确无人工作。

（2）作业时，作业人员对相邻带电体的间隙距离，作业工具的最小有效绝缘长度应满足《电业安全工作规程（电力线路部分）》（DL 409—1991）的要求。

（3）作业人员应通过绝缘操作杆对作业范围内的所有带电体进行绝缘遮蔽。

（4）接引线应首先从边相开始，一相作业完成后，应迅速对其进行绝缘遮蔽，然后再对另一相开展作业。

（5）作业时，杆上电工应穿绝缘鞋，戴绝缘手套、绝缘袖套、绝缘安全帽等安全防护用具。

（6）申请停用重合闸。

（7）接引流线时，如采用缠绕法，其扎线材质应与被接导线相同，直径应适宜。

10-29　绝缘工具作业法更换边相针式绝缘子如何进行？

答：1. 人员组合

作业人员共 5 人，即工作负责人（安全监护人）1 人，杆上电工 2 人，地面电工 2 人。

2. 专用工具配置

绝缘工具作业法更换边相针式绝缘子的专用工具如表 10-3 所示。

表 10-3　　绝缘工具作业法更换边相针式
绝缘子的专用工具配置表

序　号	工　具　名　称	数　量
1	绝缘传递绳	1
2	导线遮蔽罩	若干
3	绝缘子遮蔽罩	1~3
4	横担遮蔽罩	1

续表

序　号	工 具 名 称	数　量
5	绝缘隔板	1
6	遮蔽罩安装操作杆	1
7	绝缘隔板操作杆	1
8	多功能绝缘抱杆及附件	1
9	绝缘扎线剪操作杆	1
10	绝缘三齿扒操作杆	1
11	扎线	若干

3. 作业步骤

（1）全体作业人员列队宣读工作票。

（2）登杆电工检查登杆工具和绝缘防护用具；穿戴上绝缘靴、绝缘手套、绝缘安全帽及其他绝缘防护用具。

（3）登杆电工携带绝缘传递绳登杆至适当位置，并系好安全带。

（4）地面电工使用绝缘传递绳，将绝缘操作杆、横担遮蔽罩、导线遮蔽罩、针式绝缘子遮蔽罩逐次传给杆上电工。

（5）杆上电工按照从近至远、从大到小的原则分别对作业范围内的所有带电部件进行遮蔽，先将导线遮蔽罩，再将针式绝缘子遮蔽罩安装到带电导线和绝缘子上。

（6）地面电工将绝缘隔板传至杆上电工，杆上电工用绝缘隔板操作杆将绝缘隔板安装在中相针式绝缘子根部。

（7）地面电工将多功能绝缘抱杆传至杆上电工，杆上电工在适当的位置将其安装在电杆上。抱杆横担接触且支撑住导线。

（8）地面电工将扎线剪及三齿扒传给杆上电工，杆上电工用三齿扒解开扎线，再用扎线剪剪断扎线。

（9）杆上电工摇升多功能抱杆丝杠及抱杆横担辅助丝杠，使导线徐徐上升，距离针式绝缘子上端约 0.4m。

（10）杆上电工拆卸中相需更换的绝缘子。

（11）地面电工在新绝缘子上绑好扎线，再传给杆上电工，杆上电工装上新绝缘子。

（12）杆上电工摇降多功能抱杆丝杠，使导线徐徐降下至针式绝缘子线槽内。

（13）杆上电工用三齿扒在导线上绑好扎线，用扎线剪剪去多余扎线。

（14）杆上电工拆除多功能抱杆，并用绝缘操作杆由远至近逐次拆除绝缘隔板、针式绝缘子遮蔽罩、导线遮蔽罩，并一一放置地面。

（15）检查完毕后，将作业工具返回地面，杆上电工返回地面。

4. 安全注意事项

（1）作业时，作业人员对相邻带电体的间隙距离，作业工具的最小有效绝缘长度应满足《电业安全工作规程（电力线路部分）》（DL 409—1991）的要求。

（2）作业人员应通过绝缘操作杆对作业范围内的所有带电体进行绝缘遮蔽。

（3）作业时，杆上电工应穿绝缘鞋、戴绝缘手套、绝缘袖套、绝缘安全帽等安全防护用具。

（4）申请停用重合闸。

（5）拆开绑扎绝缘子与导线的扎线时，必须注意扎线线头不能太长，以免接触接地体。

（6）导线的拉起及放下的速度应均匀而缓慢。

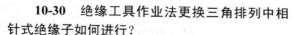

10-30 绝缘工具作业法更换三角排列中相针式绝缘子如何进行?

答:1. 人员组合

作业人员共 5 人,即工作负责人(安全监护人)1 人,杆上电工 2 人,地面电工 2 人。

2. 专用工具配置

绝缘工具作业法更换三角排列中相针式绝缘子的专用工具如表 10-4 所示。

表 10-4 绝缘工具作业法更换三角排列中相针式绝缘子的专用工具配置表

序　号	工　具　名　称	数　量
1	绝缘传递绳	1
2	导线遮蔽罩	若干
3	绝缘子遮蔽罩	1~3
4	横担遮蔽罩	1
5	绝缘隔板	1
6	遮蔽罩安装操作杆	1
7	绝缘隔板操作杆	1
8	多功能绝缘抱杆及附件	1
9	绝缘扎线剪操作杆	1
10	绝缘三齿扒操作杆	1
11	扎线	若干

3. 作业步骤

（1）全体作业人员列队宣读工作票。

（2）登杆电工检查登杆工具和绝缘防护用具；穿戴上绝缘靴、绝缘手套、绝缘安全帽及其他绝缘防护用具。

（3）登杆电工携带绝缘传递绳登杆至适当位置，并系好安全罩、导线遮蔽罩、针式绝缘子遮蔽罩逐次传给杆上电工。

（4）杆上电工按照从近至远、从大到小的原则逐次对作业范围内的所有带电部件进行遮蔽，分别将导线遮蔽罩和针式绝缘子遮蔽罩安装到导线和绝缘子上。

（5）地面电工将横担遮蔽罩传至杆上电工，杆上电工将横担遮蔽罩安装在作业相的横担上。

（6）地面电工将多功能绝缘抱杆传至杆上电工，杆上电工在适当的位置将其安装在杆上。抱杆横担接触且支撑住导线。

（7）地面电工将扎线剪及三齿扒传给杆上电工，杆上电工用三齿扒解开扎线，再用扎线剪剪断扎线。

（8）杆上电工摇升多功能抱杆丝杠及抱杆横担辅助丝杠，使导线距离针式绝缘子上端约0.4m。

（9）杆上电工拆卸需更换的绝缘子。

（10）地面电工在新绝缘子上绑好扎线，再传给杆上电工，杆上电工装上新绝缘子。

（11）杆上电工摇降多功能抱杆丝杠，使导线徐徐降下至针式绝缘子线槽内。

（12）杆上电工用三齿扒在导线上绑好扎线，用扎线剪剪去多余扎线。

（13）杆上电工拆除多功能抱杆，并用绝缘操作杆由远至近逐次拆除横担遮蔽罩、针式绝缘子遮蔽罩、导线遮蔽罩，并一一放置地面。

（14）检查完毕后，将作业工具传回地面，杆上电工返回地面。

4. 安全注意事项

（1）作业时，作业人员对相邻带电体的间隙距离，作业工具的最小有效绝缘长度应满足《电业安全工作规程（电力线路部分）》（DL 409—1991）的要求。

（2）作业人员应通过绝缘操作杆对作业范围

内的所有带电体进行绝缘遮蔽。

（3）作业时，杆上电工应穿绝缘鞋，戴绝缘手套、绝缘袖套、绝缘安全帽等安全防护用具。

（4）申请停用重合闸。

（5）拆开绑扎绝缘子与导线的扎线时，必须注意扎线线头不能太长，以免接触接地体。

（6）导线的拉起及放下的速度应均匀而缓慢。

10-31　绝缘工具作业法带电无负荷更换跌落式熔断器如何进行？

答：1. 人员组合

作业人员共 4 人，即工作负责人（监护人）1人，杆上电工 1 人，梯上电工 1 人，地面电工 1人。

2. 专用工具配置

绝缘工具作业法带电无负荷更换跌落式熔断器的专用工具如表 10-5 所示。

**表 10-5　绝缘工具作业法带电无负荷更换
跌落式熔断器的专用工具配置表**

序 号	工 具 名 称	数 量
1	人字绝缘梯	1
2	绝缘传递绳	2干
3	绝缘隔板	2
4	引线遮蔽罩	若干
5	绝缘拉闸杆	1
6	绝缘锁杆	1
7	棘轮扳手操作杆	1
8	遮蔽罩安装操作杆	1
9	绝缘隔板操作杆	1

3. **作业步骤**

（1）全体作业人员列队宣读工作票，讲解作业方案，布置任务和分工。

（2）地面电工用拉闸杆断开作业现场的三相跌开式熔断器，取下纸箔管。经验电确认变压器低压侧已经停电。

（3）全体作业人员配合，在适当的位置竖立好人字绝缘梯，并验证稳定性能良好，若不采用绝缘梯，也可采用绝缘斗臂车作为作业平台。

（4）杆上电工和梯上电工检查作业工具和绝缘防护用具；穿上绝缘靴，戴上绝缘手套、绝缘安全帽及其他绝缘防护用具。

（5）登杆电工携带绝缘传递绳登杆至适当位置，并系好安全带。

（6）梯上电工检查人字梯确认其稳定性后，方可携带绝缘传递绳登梯，并系好安全带。

（7）地面电工使用绝缘传递绳将绝缘隔板传给杆上电工，并安装在横担上，以起到相间隔离的作用。

（8）地面电工使用绝缘传递绳将绝缘操作杆和绝缘遮蔽用具分别传给杆上电工和梯上电工。杆上电工和梯上电工用绝缘操作杆按照从近至远的原则对作业范围内的所有带电部件安装遮蔽罩。

（9）地面电工将绝缘锁杆传至杆上电工，杆上电工用其锁住跌开式熔断器上桩头的高压引下线。

（10）地面电工将棘轮扳手操作杆传至梯上电工，梯上电工用棘轮扳手操作杆拆除跌开式熔断器上桩头接线螺栓。

（11）杆上电工用绝缘锁杆将高压引线挑至离跌开式熔断器大于 0.4m 的位置，并扶持固定。若受杆上设备布置的限制而不能确保这一距离时，应对高压引线进行遮蔽和隔离。

（12）经检查确认被更换跌开式熔断器距周围带电体的安全距离满足《电业安全工作规程（电力线路部分）》（DL 409—1991）的要求，且做好了与相邻相的各种绝缘隔离和遮蔽措施后，经工作负责人的监护和许可，梯上电工手戴绝缘手套，拆除跌开式熔断器下桩头引流线及跌开式熔断器。然后，安装新跌开式熔断器及下桩头引流线。

（13）杆上电工用绝缘锁杆将高压引线送至跌开式熔断器上桩头；梯上电工用棘轮扳手操作杆拧紧跌开式熔断器上桩头螺母。

（14）杆上电工拆除绝缘锁杆，并调整高压引线，使尺寸符合安全距离要求且美观。

（15）杆上电工和梯上电工拆除绝缘隔板和各种遮蔽用具，并返回地面。

（16）地面电工用拉闸杆合上跌开式熔断器，经工作负责人许可，确认设备正常后，合闸送电。

（17）拆除绝缘梯，清理现场。

4. 安全注意事项

（1）检查并确认设备低压侧应无负荷。

（2）在被作业的跌开式熔断器与其他带电体之间应安装隔离和遮蔽装置。

（3）作业时，作业人员与相邻带电体的间隙距离，作业工具的最小有效绝缘长度均应满足《电业安全工作规程（电力线路部分）》（DL 409—1991）的要求。

（4）作业人员在拆除旧跌开式熔断器及安装新跌开式熔断器时，应始终戴绝缘手套，上桩头高压引线拆下后应在作业人员最大触及范围之外。

（5）申请停用重合闸。

10-32　绝缘工具作业法更换避雷器如何进行？

答： 1. 人员组合

作业人员共 4 人，即工作负责人（安全监护人）1 人，电工 1 人，梯上电工 1 人，地面电工 1 人。

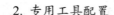

2. 专用工具配置

绝缘工具作业法更换避雷器的专用工具如表 10-6 所示。

表 10-6　　绝缘工具作业法更换避雷器的
专用工具配置表

序　号	工　具　名　称	数　量
1	人字绝缘梯（或绝缘斗臂车）	1
2	绝缘传递绳	2 干
3	绝缘隔板	2
4	引线遮蔽罩、导线遮蔽罩、软质遮蔽毯	若干
5	绝缘拉闸杆	1
6	绝缘锁杆	1
7	棘轮扳手操作杆	1
8	遮蔽罩安装操作杆	1
9	绝缘隔板操作杆	1

3. 作业步骤

（1）全体作业人员列队宣读工作票，讲解作业方案，布置任务和分工。

（2）全体作业人员配合，在适当的位置竖

立好人字绝缘梯，并验证稳定性能良好，若不采用绝缘梯，也可采用绝缘斗臂车作为作业平台。

（3）杆上电工和梯上电工检查作业工具和绝缘防护用具；穿戴上绝缘靴、绝缘手套、绝缘安全帽及其他绝缘防护用具。

（4）登杆电工携带绝缘传递绳登杆至适当位置，并系好安全带。

（5）梯上电工检查人字梯确认其稳定性后，方可携带绝缘传递绳登梯，并系好安全带。

（6）地面电工使用绝缘传递绳将绝缘隔板传给杆上电工，并安装在横担上，以起到相间隔离的作用。

（7）地面电工使用绝缘传递绳，将绝缘操作杆和绝缘遮蔽用具分别传给杆上电工和梯上电工。杆上电工和梯上电工用绝缘操作杆按照从近至远的原则对作业范围内的所有带电部件安装遮蔽罩。

（8）地面电工将绝缘锁杆传至杆上电工，杆上电工用其锁住避雷器上桩头的高压引下线。

（9）地面电工将棘轮扳手操作杆传至梯上电

工，梯上电工用棘轮扳手操作杆拆除避雷器上桩头接线螺栓。

（10）杆上电工用绝缘锁杆将高压引线挑至离避雷器大于 0.4m 的位置，并扶持固定。若受杆上设备布置的限制而不能确保这一距离时，应对高压引线进行遮蔽和隔离。

（11）经检查确认被更换避雷器距周围带电体的安全距离满足《电业安全工作规程（电力线路部分）》（DL 409—1991）的要求，且做好了与相邻相的各种绝缘隔离和遮蔽措施后，经工作专责人的监护和许可，梯上电工手戴绝缘手套，拆除避雷器下桩头接地线及旧避雷器。然后，安装新避雷器及下桩头接地线。

（12）杆上电工用绝缘锁杆将高压引线送至避雷器上桩头；梯上电工用棘轮扳手操作杆拧紧避雷器上桩头螺母。

（13）杆上电工拆除绝缘锁杆，并调整高压引线，使尺寸符合安全距离要求且美观。

（14）杆上电工和梯上电工拆除绝缘隔板和各种遮蔽用具，并返回地面。

（15）拆除绝缘梯，清理现场。

4. 安全注意事项

（1）在被作业的避雷器与其他带电体之间应安装隔离和遮蔽装置。

（2）作业时，作业人员与相邻带电体的间隙距离，作业工具的最小有效绝缘长度均应满足《电业安全工作规程（电力线路部分）》（DL 409—1991）的要求。

（3）作业人员在拆除旧避雷器及安装新避雷器时，应始终戴绝缘手套，上桩头高压引线拆下后应在作业人员最大触及范围之外。

10-33　绝缘手套作业法更换针式绝缘子如何进行？

答： 1. 人员组合

作业人员共 4 人，即工作负责人（安全监护人）1 人，斗上电工 2 人，地面电工 1 人。

2. 专用工具配置

绝缘工具作业法更换针式绝缘子的专用工具如表 10-7 所示。

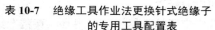

**表 10-7 绝缘工具作业法更换针式绝缘子
的专用工具配置表**

序 号	工 具 名 称	数 量
1	人字绝缘梯（或绝缘斗臂车）	1
2	绝缘传递绳	2 干
3	绝缘隔板	2
4	引线遮蔽罩、导线遮蔽罩、 软质遮蔽毯	若干
5	绝缘拉闸杆	1
6	绝缘锁杆	1
7	棘轮扳手操作杆	1
8	遮蔽罩安装操作杆	1
9	绝缘隔板操作杆	1

3. 作业步骤

（1）全体作业人员列队宣读工作票，讲解作业方案、布置任务、进行分工。

（2）将绝缘斗臂车定位于最适于作业的位置，打好接地桩，连上接地线。

（3）注意避开邻近的高、低压线路及各类障碍物，选定绝缘斗臂车的升起方向和路径。

（4）在绝缘斗臂车和工具摆放位置四周围上

安全护栏和作业标志。

(5) 斗中电工检查绝缘防护用具，穿戴上绝缘靴、绝缘手套、绝缘安全帽、绝缘服（披肩）等全套绝缘防护用具。

(6) 斗中电工携带作业工具和遮蔽用具进入工作斗，工具和遮蔽用具应分类放置在斗中和工具袋中，作业人员要系好安全带。

(7) 在工作斗上升途中，对可能触及范围内的低压带电部件也需进行绝缘遮蔽。

(8) 工作斗定位于便于作业的位置后，首先对离身体最近的边相导线安装导线遮蔽罩，套入的遮蔽罩的开口要翻向下方，并拉到靠近绝缘子的边缘处，用绝缘夹夹紧以防脱落。

(9) 绝缘子两端边相导线遮蔽完成后，采用绝缘子遮蔽罩对边相绝缘子进行绝缘遮蔽，要注意导线遮蔽罩与绝缘子遮蔽罩有 15cm 的重叠部分，必要时用绝缘夹夹紧以防脱落。

(10) 按照从近至远、从大到小、从低到高的原则，采用以上同样遮蔽方式，分别对在作业范围内的所有带电部件进行遮蔽。若是更换中相绝缘子，则三相带电体均必须完全遮蔽。

(11)采用横担遮蔽用具对横担进行遮蔽,若是更换三角排列的中相针式绝缘子,还应对电杆顶部进行绝缘遮蔽,若杆塔有拉线且在作业范围内,还应对拉线进行绝缘遮蔽。

(12)遮蔽作业完成后可采用多种方式更换绝缘子。

1)小吊臂作业法。

① 用斗臂车上小吊臂的吊带轻吊托起导线。

② 取下欲更换绝缘子的遮蔽罩。

③ 解开绝缘子绑扎线。在解绑扎线的过程中要注意边解边卷。一要防止绑扎线展延过长接触其他物体;二要防止绑扎线端部扎破绝缘手套。

④ 绑线解除后,将导线吊起离绝缘子顶部大于0.4m。

⑤ 更换绝缘子。

⑥ 绝缘小吊臂使导线缓缓下至绝缘子槽内。

⑦ 绑上扎线(注意扎线应捆成圈,边扎边解),剪去多余扎线。

⑧ 对已完成作业相恢复绝缘遮蔽。

2)遮蔽罩作业法。

① 取下欲更换绝缘子的遮蔽罩。

② 解开绝缘子绑扎线，解开绑线时要注意保持导线在线槽内。

③ 将两端导线遮蔽罩拉在一起，接缝处应重叠 15cm 以上。

④ 将导线遮蔽罩开口朝上，并注意使接缝处避开横担。

⑤ 通过导线遮蔽罩和横担遮蔽罩双层隔离，将导线放到横担上。

⑥ 更换绝缘子。

⑦ 抬起导线，挪开导线遮蔽罩，将导线放至绝缘子槽内，转动导线遮蔽罩使开口朝向下方。

⑧ 绑上扎线（注意扎线应捆成圈，边扎边解），剪去多余扎线。

（13）重复应用以上方法更换其他相绝缘子。

（14）全部作业完成后，由远至近依次拆除横担遮蔽罩、绝缘子遮蔽罩、导线遮蔽罩等。

（15）检查完毕后，移动工作斗至低压带电导线附近，拆除低压带电部件上的遮蔽罩。

（16）工作斗返回地面，清理工具和现场。

4. 安全注意事项

（1）斗中电工应穿绝缘服，戴绝缘手套、绝缘安全帽等安全防护用具。

（2）一相作业完成后，应迅速对其恢复和保持绝缘遮蔽，然后再对另一相开展作业。

（3）申请停用重合闸。

（4）绝缘手套外应套防刺穿手套。

10-34　绝缘手套作业法修补导线如何进行？

答：1. 人员组合

作业人员共 3 人，即工作负责人（安全监护人）1 人，斗中电工 1 人，地面电工 1 人。

2. 专用工具配置

绝缘手套作业法修补导线的专用工具如表10-8 所示。

表 10-8　　绝缘手套作业法修补导线的
专用工具配置表

序　号	工　具　名　称	数　量
1	10kV 绝缘斗臂车	1
2	导线遮蔽罩及其他遮蔽装置	若干
3	修补导线用材料	若干

3. 作业步骤

（1）全体作业人员列队宣读工作票，讲解作业方案、布置任务、进行分工。

（2）根据杆上电气设备布置，将绝缘斗臂车定位于最适于作业的位置，打好接地桩，连上接地线。

（3）注意避开邻近的高、低压线路及各类障碍物，选定绝缘斗臂车的升起方向和路径。

（4）在绝缘斗臂车和工具摆放位置四周围上安全护栏和作业标志。

（5）斗中电工检查绝缘防护用具，穿戴上绝缘靴、绝缘手套、绝缘安全帽、绝缘服（披肩）等全套绝缘防护用具。

（6）斗中电工携带作业工具和遮蔽用具进入工作斗，工具和遮蔽用具应分类放置在斗中和工具袋中，作业人员要系好安全带。

（7）在工作斗上升途中，对可能触及范围内的低压带电部件也需进行绝缘遮蔽。

（8）工作斗定位于便于作业的位置后，首先对离身体最近的边相导线安装导线遮蔽罩，套入的遮蔽罩的开口要翻向下方，并拉到靠近绝缘子的边缘处，用绝缘夹夹紧以防脱落。

（9）按照从近至远、从大到小、从低到高的原则，采用以上遮蔽方法，分别对作业范围内的带电体进行遮蔽。若是修补中相导线，则三相带电体全部遮蔽。若修补位置临近杆塔或构架，还必须对作业范围内的接地构件进行遮蔽。

（10）移开欲修补位置的导线遮蔽罩，尽量小范围的露出带电导线，检查损坏情况。

（11）用扎线或预绞丝或钳压补修管等材料修补导线，注意绝缘手套外应套有防刺穿的防护手套。

（12）一处修补完毕后，应迅速恢复绝缘遮蔽，然后进行另一处作业。

（13）全部修补完毕后，由远至近拆除导线遮蔽罩和其他遮蔽装置。

（14）检查完毕后，移动工作斗至低压带电导线附近，拆除低压带电部件上的遮蔽罩。

（15）工作斗返回地面，清理工具和现场。

4. 安全注意事项

（1）斗中电工应穿绝缘鞋，戴绝缘手套、绝缘袖套、绝缘安全帽等安全防护用具。

（2）一相作业完成后，应迅速对其恢复和保持绝缘遮蔽，然后再对另一相开展作业。

（3）申请停用重合闸。

（4）绝缘手套外应套防刺穿手套。

10-35 绝缘手套作业法带电更换 10kV 线路直线杆应如何进行？

答：1. 人员组合

工作人员共 8 人，即工作负责人（安全监护人）1 人，工作斗内电工 1 人，杆上电工 1 人，地面电工 2 人，绝缘斗臂车操作员 1 人，起重吊车司机 2 人。

2. 专用工具配置

绝缘手套作业法带电更换 10kV 线路直线杆的专用工具如表 10-9 所示。

表 10-9 绝缘手套作业法带电更换 10kV
线路直线杆的专用工具配置表

序 号	工 具 名 称	数 量
1	10kV 绝缘斗臂车	1
2	起重吊车	2
3	绝缘滑车	1

续表

序　号	工　具　名　称	数　量
4	绝缘传递绳	1
5	绝缘子遮蔽罩	视现场情况决定
6	导线遮蔽罩	视现场情况决定
7	横担遮蔽罩	视现场情况决定
8	绝缘毯	视现场情况决定
9	绝缘保险绳	视现场情况决定
10	扳手和其他用具	视现场情况决定

3. 作业步骤

（1）全体工作人员列队宣读工作票，工作负责人讲解作业方案、布置工作任务、进行具体分工。

（2）工作负责人检查两侧导线。

（3）绝缘斗臂车进入工作现场，定位于最佳工作位置并装好接地线，选定工作斗的升降方向，注意避开附近高低压线及障碍物。

（4）布置工作现场，在绝缘斗臂车和工具摆放位置四周围上安全护栏和作业标志。

（5）斗中电工及杆上电工检查绝缘防护用具，穿戴上绝缘靴、绝缘服（披肩）、绝缘安全帽和绝缘手套等全套绝缘防护用具，地面电工检查、摇测绝缘作业工具。

（6）斗中电工携带绝缘作业工具和遮蔽用具进入工作斗，工具和遮蔽用具应分类放在斗中和工具袋中，作业人员要系好安全带。

（7）在工作斗上升过程中，对可能触及范围内的高、低压带电部件需进行绝缘遮蔽。

（8）工作斗定位在合适的工作位置后，首先对离身体最近的边相导线安装导线遮蔽罩，套入的导线遮蔽罩的开口要向下方，并拉到靠近绝缘子的边缘处，用绝缘夹夹紧防止脱落。

（9）按照由近至远、从大到小、从低到高的原则，采用以上同样遮蔽方式，分别对三相导线、横担、绝缘子及连接构件进行遮蔽。

（10）杆上电工登杆至工作位置，系好安全带。地面电工将绝缘操作平台用滑车吊至工作位置。

（11）斗内电工和杆上电工相互配合，将绝缘操作平台固定好。杆上电工由杆上转移至绝缘操作平台上，并系好安全带。

（12）地面电工将绝缘横担吊至工作位置，斗内电工和绝缘操作平台上电工相互配合，将绝缘横担固定在杆上。

（13）拆除边相导线绝缘子绝缘毯，将边相导线绑线拆除，绝缘操作平台上电工小心地将边相导线移至绝缘横担上固定好，并对固定处用绝缘毯再次进行绝缘遮蔽。

（14）依照以上方法，分别将另两相导线移至绝缘横担上，并迅速恢复绝缘遮蔽。

（15）绝缘操作平台上电工装好绝缘横担的绝缘起吊绳，一台起重吊车进入工作现场，适度地吊住绝缘起吊绳，并保持与带电体足够的安全距离。同时，绝缘操作平台上电工拆除绝缘横担的固定装置，吊车慢慢地将绝缘横担和三相导线吊至 0.4m 以上的合适的高度。

（16）斗内电工拆除线杆上的所有绝缘遮蔽用具，杆上电工回到地面。

（17）地面电工 1 人登杆至合适位置，绑好直线杆的起吊绳。

（18）另一台起重吊车进入工作位置，将线杆吊出，放倒至地面。同时，地面电工装好新的线杆上的横担、绝缘子等设备，并装好横担遮蔽罩和绝缘子遮蔽罩。

（19）起重吊车将新的线杆吊至该位置固定好。

（20）起重吊车配合工作斗内电工，将三相导线落至线杆上合适位置。

（21）工作斗内电工移开中相导线遮蔽罩，将中相导线固定在线杆中相绝缘子上，导线固定好后，将绝缘子和中相导线恢复绝缘遮蔽。

（22）按照上述方法，分别将另两相导线固定在线杆上。

（23）斗内电工由远及近依次拆除绝缘构件遮蔽罩、绝缘子遮蔽罩、导线遮蔽罩等所有绝缘遮蔽用具。

（24）工作斗内电工和杆上电工返回地面，清理施工现场工作负责人全面检查工作完成情况。

4. 安全注意事项

（1）工作斗中电工应穿绝缘鞋，戴绝缘手套、袖套、绝缘安全帽等安全防护用具。

（2）绝缘横担两端上应绑有绝缘绳，由地

面电工控制，防止起吊和回落时，绝缘横担发生摆动。

（3）一相作业完成后，应迅速对其恢复和保持绝缘遮蔽，然后再对另一相开展作业。

（4）申请停用重合闸。

（5）对不规则带电部件和接地构件可采用绝缘毯进行遮蔽，但要注意夹紧固定，两相邻绝缘毯间应有重叠部分。

（6）拆除绝缘遮蔽用具时，应保持身体与被遮蔽物有足够的安全距离。

10-36 绝缘手套作业法带电断接引线如何进行？

答： 1. 人员组合

工作人员共 4 人，即工作负责人（安全监护人）1 人，工作斗中电工 1 人，地面电工 2 人。

2. 专用工具配置

绝缘手套作业法带电断接引线的专用工具如表 10-10 所示。

表10-10 绝缘手套作业法带电断接引线
的专用工具配置表

序号	工具名称	数量
1	10kV绝缘斗臂车	1
2	绝缘滑车	1
3	绝缘传递绳	1
4	绝缘断线钳	1
5	绝缘子遮蔽罩	视现场情况决定
6	导线遮蔽罩	视现场情况决定
7	横担遮蔽罩	视现场情况决定
8	绝缘毯	视现场情况决定
9	扳手和其他用具	视现场情况决定

3. 作业步骤

(1) 断引流线。

1) 全体工作人员列队宣读工作票,工作负责人讲解作业方案、布置工作任务、进行具体分工。

2) 拉开引流线后端线路开关或变压器高压侧的跌开式熔断器,使所断引流线无负荷。

3) 绝缘斗臂车进入工作现场,定位于最佳工作位置并装好接地线,选定工作斗的升降方向,注意避开附近高、低压线及障碍物。

4）布置工作现场，在绝缘斗臂车和工具摆放位置四周围上安全护栏和作业标志。

5）斗中电工检查绝缘防护用具，穿戴上绝缘靴、绝缘服（披肩）、绝缘安全帽和绝缘手套等全套绝缘防护用具，同时，地面电工检查、摇测绝缘作业工具。

6）斗中电工携带作业工具和遮蔽用具进入工作斗，工具和遮蔽用具应分类放在斗中和工具袋中，作业人员要系好安全带。

7）在工作斗上升过程中，对可能触及范围内的高、低压带电部件需进行绝缘遮蔽。

8）工作斗定位在合适的工作位置后，首先对离身体最近的边相导线安装导线遮蔽罩，套入的导线遮蔽罩的开口要向下方，并拉到靠近绝缘子的边缘处，用绝缘夹夹紧防止脱落。

9）按照由近至远、从大到小、从低到高的原则，采用以上同样遮蔽方式，分别对三相导线、三相引线、横担、绝缘子及连接构件进行遮蔽。

10）工作斗内电工拆开边相引线的遮蔽用具，利用断线钳将边相引线钳断，并将断头固定好，然后迅速恢复被拆除的绝缘遮蔽。

11）采用上述方法，对中相引线和另一边相引线进行拆断，并恢复绝缘遮蔽。

12）由远至近地逐步拆除绝缘遮蔽罩，检查完毕后，工作斗内电工返回地面。

（2）接引流线（加装跌开式熔断器）。

1）拉开引流线后端线路开关使所断引流线无负荷。

2）地面一电工登杆至工作位置，系好安全带。地面另一电工利用绝缘绳和绝缘滑车分别将跌开式熔断器及其连接固定机构传递给斗内电工。

3）斗内电工和杆上电工相互配合，将跌开式熔断器及其连接固定机构安装在规定位置，分别断开三相跌开式熔断器，并接好跌开式熔断器下桩头的三相引线，然后杆上电工回到地面。

4）斗内电工拆开边相导线上的遮蔽罩，安装边相跌开式熔断器上桩头引线。安装完好后，恢复被拆除的遮蔽用具。

5）依照以上方法，分别安装好中相引线和另一边相引线，检查确认安装完好后，斗内电工按由远及近、由上到下的顺序依次拆除绝缘横担遮蔽罩、引线遮蔽罩、绝缘子遮蔽罩、导线遮蔽罩等所有绝缘遮蔽用具，并返回地面。

6）地面电工用拉闸杆装上跌落熔管，经工作负责人许可，确认设备正常后合闸送电。

7）清理施工现场。

4. 安全注意事项

（1）工作斗中电工应穿绝缘鞋，戴绝缘手套、袖套、绝缘安全帽等安全防护用具。

（2）一相作业完成后，应迅速对其恢复和保持绝缘遮蔽，然后再对另一相开展作业。

（3）申请停用重合闸。

（4）对不规则带电部件和接地构件可采用绝缘毯进行遮蔽，但要注意夹紧固定，两相邻绝缘毯间应有重叠部分。

（5）拆除绝缘遮蔽用具时，应保持身体与被遮蔽物有足够的安全距离。

10-37 绝缘手套作业法带负荷更换跌开式熔断器如何进行？

答：1. 人员配合

作业人员共三人：工作负责人（安全监护人）1人，斗中电工2人，地面电工1人。

2. 专用工具配置

绝缘手套作业法带负荷更换跌开式熔断器的专用工具如表 10-11 所示。

表 10-11 绝缘手套作业法带负荷更换
跌开式熔断器的专用工具配置表

序号	工具名称	数量
1	10kV 绝缘斗臂车	1
2	绝缘传递绳	1
3	导线遮蔽罩	1
4	横担遮蔽罩	1
5	绝缘毯	视现场情况决定
6	扳手和其他用具	视现场情况决定
7	绝缘引流线	视现场情况决定
8	钳式电流表	1

3. 作业步骤

（1）全体作业人员列队宣读工作票，讲解作业方案、布置任务、进行分工。

（2）根据杆上电气设备布置和作业项目，将绝缘斗臂车定位于最适于作业的位置，打好接地

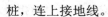

桩，连上接地线。

（3）注意避开邻近的高、低压线路及各类障碍物，选定绝缘斗臂车的升起方向和路径。

（4）在绝缘斗臂车和工具摆放位置四周围上安全护栏和作业标志。

（5）斗中电工检查绝缘防护用具，穿戴上绝缘靴、绝缘手套、绝缘安全帽、绝缘服（披肩）等全套绝缘防护用具。

（6）斗中电工携带作业工具和遮蔽用具进入工作斗，工具和遮蔽用具应分类放置在斗中和工具袋中，作业人员要系好安全带。

（7）在工作斗上升途中，对可能触及范围内的低压带电部件也需进行绝缘遮蔽。

（8）工作斗定位于便于作业的位置后，安装三相带电体之间的绝缘隔板。

（9）首先对离身体最近的边相导线安装导线遮蔽罩，套入的遮蔽罩的开口要翻向下方，并拉到靠近带电部件的边缘处，用绝缘夹夹紧以防脱落。

（10）对三相引线，跌开式熔断器及工作范围内的所有带电部件等进行绝缘遮蔽。

（11）采用横担遮蔽用具或绝缘毯对横担及其他接地构件进行绝缘遮蔽，并注意接缝处应有适当的重叠部分。

（12）最小范围的移开导线遮蔽罩，采用绝缘引流线短接跌开式熔断器及两端引线；绝缘引流线和两端线夹的载流容量应满足 1.2 倍最大电流的要求。其绝缘层应通过工频 30kV（1min）的耐压试验。组装旁路引流线的导线处应清除氧化层，且线夹接触应牢固可靠。

（13）在绝缘引流线的一端连接完毕后，另一端应注意与其他相带电线和接地物件保持安全距离，在端部线夹处应进行绝缘遮蔽。

（14）两端连接完毕且遮蔽完好后，应采用钳式电流表检查旁路引流线通流情况正常。

（15）分别拆下跌开式熔断器的引线，再撤除旧跌开式熔断器。

（16）装上新跌开式熔断器及两端引线，用钳式电流表检查引线通流情况正常后，恢复绝缘遮蔽。

（17）拆除绝缘引流线。

（18）检查设备正常工作后，由远至近依次撤除导线遮蔽罩、引线遮蔽罩、跌开式熔断器遮蔽罩、接地构件遮蔽罩、绝缘隔板等，撤除时注意身体与带电部件保持安全距离。

（19）工作完毕后返回地面，清理工具和现场。

4. 安全注意事项

（1）斗中电工应穿绝缘鞋，戴绝缘手套、袖套、绝缘安全帽等安全防护用具。

（2）一相作业完成后，应迅速对其恢复和保持绝缘遮蔽，然后再对另一相开展作业。

（3）申请停用重合闸。

（4）绝缘手套外应套防刺穿手套。

（5）对不规则带电部件和接地构件可采用绝缘毯进行遮蔽，但要注意夹紧固定。

（6）组装旁路引流线的导线处应清除氧化层，且线夹接触应牢固可靠。

10-38　绝缘手套作业法更换避雷器如何进行？

答：1. 人员组合

作业人员共 3 人，即工作负责人（安全监护人）1 人，斗中电工 1 人，地面电工 1 人。

2. 专用工具配置

绝缘手套作业法更换避雷器的专用工具如表10-12所示。

表 10-12 绝缘手套作业法更换避雷器的
专用工具配置表

序 号	工 具 名 称	数 量
1	10kV 绝缘斗臂车	1
2	绝缘传递绳	1
3	导线遮蔽罩	1
4	横担遮蔽罩	1
5	绝缘毯	视现场情况决定
6	扳手和其他用具	视现场情况决定
7	绝缘引流线	视现场情况决定

3. 作业步骤

（1）全体作业人员列队宣读工作票，讲解作业方案、布置任务、进行分工。

（2）根据杆上电气设备布置和作业项目，将绝缘斗臂车定位于最适于作业的位置，打好接地桩，连上接地线。

（3）注意避开邻近的高、低压线路及各类障碍物，选定绝缘斗臂车的升起方向和路径。

（4）在绝缘斗臂车和工具摆放位置四周围上安全护栏和作业标志。

（5）斗中电工检查绝缘防护用具，穿戴上绝缘靴、绝缘手套、绝缘安全帽、绝缘服（披肩）等全套绝缘防护用具。

（6）斗中电工携带作业工具和遮蔽用具进入1作斗，工具和遮蔽用具应分类放置在斗中和工具袋中，作业人员要系好安全带。

（7）在工作斗上升途中，对可能触及范围内的低压带电部件也需进行绝缘遮蔽。

（8）工作斗定位于便于作业的位置后，安装三相带电体之间的绝缘隔板。

（9）首先对离身体最近的边相导线安装导线遮蔽罩，套入的遮蔽罩的开口要翻向下方，并拉到靠近带电部件的边缘处，用绝缘夹夹紧以防脱落。

（10）按照从近至远、从大到小、从低到高的原则，采用以上同样遮蔽方式，分别对三相引线、避雷器及连接构件进行遮蔽。

（11）采用横担遮蔽用具或绝缘毯对横担及其他接地构件进行绝缘遮蔽，并注意接缝处应有适当的重叠部分。

（12）最小范围地掀开欲更换避雷器的绝缘遮蔽，用扳手拆开避雷器上桩头的高压引线。

（13）将拆开的避雷器上桩头引线端头回折距避雷器 0.4m 以上，放入引线遮蔽罩内，并用绝缘夹把开缝处夹紧，使引线端头完全封闭在遮蔽罩内。

（14）经检查确认被更换避雷器与周围带电体的安全距离满足规定，且做好了各种绝缘隔离和遮蔽措施后，斗中电工拆除避雷器下桩头接地线及旧避雷器。然后，安装新避雷器及其下桩头接地线，并确认连接完好。

（15）恢复对新安装避雷器接地构件的绝缘遮蔽。

（16）打开遮蔽罩，将高压引线端头展开送至避雷器的上桩头。斗中电工用扳手拧紧避雷器上桩头螺母，并确认连接完好。

（17）三相作业完成后，由远至近依次拆除引线遮蔽罩、避雷器遮蔽罩、接地构件遮蔽罩、绝缘隔板等，拆除时注意身体与带电部件保持安全距离。

（18）工作斗返回地面，清理工具和现场。

4. 安全注意事项

（1）斗中电工应穿绝缘鞋，戴绝缘手套、袖套、绝缘安全帽等安全防护用具。

（2）一相作业完成后，应迅速对其恢复和保持绝缘遮蔽，然后再对另一相开展作业。

（3）申请停用重合闸。

（4）绝缘手套外应套防刺穿手套。

（5）对不规则带电部件和接地构件可采用绝缘毯进行遮蔽，但要注意夹紧固定。

10-39 绝缘手套作业法带负荷加装负荷开关如何进行？

答：1. 人员组合

工作人员共 5 人，即工作负责人（安全监护人）1 人，工作斗内电工 1 人，杆上电工 1 人，地面电工 2 人。

2. 专用工具配置

绝缘手套作业法带负荷加装负荷开关的专用

工具如表 10-13 所示。

表 10-13 绝缘手套作业法带负荷加装
负荷开关的专用工具配置表

序 号	工 具 名 称	数量
1	10kV 绝缘斗臂车	1
2	5t 起重吊车	1
3	绝缘滑车	1
4	绝缘传递绳	1
5	钳形电流表	1
6	绝缘引流线	3
7	绝缘断线钳	1
8	绝缘子遮蔽罩	视现场情况决定
9	导线遮蔽罩	视现场情况决定
10	横担遮蔽罩	视现场情况决定
11	绝缘毯	视现场情况决定
12	扳手和其他用具	视现场情况决定

3. 作业步骤

（1）全体工作人员列队宣读工作票，工作负责人讲解作业方案、布置工作任务、进行具体分工。

（2）工作负责人检查两侧导线。

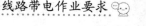

（3）绝缘斗臂车进入工作现场，定位于最佳工作位置并装好接地线，选定工作斗的升降方向，注意避开附近高、低压线及障碍物。

（4）布置工作现场，在绝缘斗臂车和工具摆放位置四周围上安全护栏和作业标志。

（5）斗中电工及杆上电工检查绝缘防护用具，穿戴上绝缘靴、绝缘服（披肩）、绝缘安全帽和绝缘手套等全套绝缘防护用具；地面电工检查、摇测绝缘作业工具。

（6）斗中电工携带绝缘作业工具和遮蔽用具进入工作斗，工具和遮蔽用具应分类放在斗中和工具袋中，作业人员要系好安全带。

（7）在工作斗上升过程中，对可能触及范围内的高低压带电部件需进行绝缘遮蔽。

（8）工作斗定位在合适的工作位置后，首先对离身体最近的边相导线安装导线遮蔽罩，套入的导线遮蔽罩的开口要向下方，并拉到靠近绝缘子的边缘处，用绝缘夹夹紧防止脱落。

（9）按照由近至远、从大到小、从低到高的原则，采用以上同样遮蔽方式，分别对三相导线、横担、绝缘子及连接构件进行遮蔽。

（10）杆上电工登杆至工作位置，系好安全带。地面电工将绝缘操作平台用滑车吊至工作位置。

（11）斗内电工和杆上电工相互配合，将绝缘操作平台固定好。杆上电工由杆上转移至绝缘操作平台上，并系好安全带。

（12）地面电工将绝缘横担吊至工作位置，斗内电工和绝缘操作平台上电工相互配合，将绝缘横担固定在杆上。

（13）拆除边相导线绝缘子绝缘毯，将边相导线绑线拆除，绝缘操作平台上电工小心地将边相导线移至绝缘横担上固定好，并对固定处用绝缘毯再次进行绝缘遮蔽。

（14）依照以上方法，分别将另两相导线移至绝缘横担上，并迅速恢复绝缘遮蔽。

（15）拆除原导线横担上的遮蔽罩和绝缘毯，并传回地面。

（16）松开原导线横担的固定件，拆除原导线横担传至地面。

（17）地面电工利用吊车将负荷开关吊至杆上，斗内电工和杆上电工相互配合，将负荷开关固定好，并确认各机构连接牢固。

（18）地面电工 1 人登杆至合适位置，地面另一电工将负荷开关操动机构吊至规定位置，由杆上电工将操动机构固定好。工作斗内电工配合杆上电工将负荷开关操动机构连接好。

（19）地面电工将中相耐张绝缘子串吊至杆上，由工作斗内电工和绝缘操作平台上电工配合将绝缘子串安装好，并用绝缘包布分别将两端耐张绝缘子遮蔽好。

（20）拆除中相导线上的遮蔽用具，松开绝缘横担上的中相导线固定夹，安装中相导线两侧的紧线器，并收紧中相导线，注意控制导线弧垂为规定水平。

（21）装好导线保险绳和旁路引流线，检查确定引流线连接牢固。

（22）用钳形电流表测量引流线内电流，确认通流正常。

（23）工作斗内电工和绝缘操作平台上电工互相配合，利用导线断线钳将中相导线钳断。拆断导线时，应先在钳断处两端分别用绝缘绳固定好，以防止导线断头摆动。然后分别将中相导线与耐张绝缘子串连接好。

（24）分别拆除中相紧线器和保险绳，并对中相导线及耐张绝缘子进行绝缘遮蔽。

（25）按照上述操作方法，分别对两边相导线进行以上作业，注意每次钳断导线前，都要用钳形电流表测量引流线内电流，确认通流正常。

（26）工作斗内电工配合操作平台上电工将绝缘横担拆除传回地面。

（27）工作斗内电工按照由近及远的顺序装好负荷开关的绝缘隔板，将负荷开关两侧的引线分别接至带电导线上。

（28）地面电工合上负荷开关操动机构，工作斗内电工检查并确认设备工作正常。

（29）工作斗内电工分别拆除三相绝缘引流线，按照由远及近、由上至下的顺序，分别拆除负荷开关处的绝缘隔板和绝缘包布。

（30）操作平台上电工由操作平台上转移至杆上，系好安全带。

（31）工作斗内电工和杆上电工配合拆除绝缘操作平台传回地面。

（32）工作斗内电工由远及近依次拆除绝缘构件遮蔽罩、绝缘子遮蔽罩、导线遮蔽罩等所有绝缘遮蔽用具。

（33）工作斗内电工和杆上电工返回地面，工作负责人全面检查工作完成情况。

4. 安全注意事项

（1）工作斗中电工应穿绝缘鞋、戴绝缘手套、袖套、绝缘安全帽等安全防护用具。

（2）一相作业完成后，应迅速对其恢复和保持绝缘遮蔽，然后再对另一相开展作业。

（3）申请停用重合闸。

（4）绝缘手套外应套防刺穿手套。

（5）对不规则带电部件和接地构件可采用绝缘毯进行遮蔽，但要注意夹紧固定，两相邻绝缘毯间应有重叠部分。

（6）拆除绝缘遮蔽用具时，应保持身体与被遮蔽物有足够的安全距离。

（7）在钳断导线之前，应安装好紧线器和保险绳。

10-40　绝缘手套作业法带负荷开断 10kV 线路直线杆加装分段断路器如何进行？

答：1. 人员组合

工作人员共 5 人，即工作负责人（安全监护人）1 人，工作斗内电工 1 人，杆上电工 1 人，地面电工 2 人。

2. 专用工具配置

绝缘手套作业法带负荷开断 10kV 线路直线杆加装分段断路器的专用工具如表 10-14 所示。

表 10-14 绝缘手套作业法带负荷开断 10kV 线路
直线杆加装分段断路器的专用工具配置表

序　号	工 具 名 称	数　量
1	10kV 绝缘斗臂车	1
2	5t 起重吊车	1
3	绝缘滑车	1
4	绝缘传递绳	1
5	钳形电流表	1
6	绝缘引流线	3
7	绝缘断线钳	1
8	绝缘子遮蔽罩	视现场情况决定
9	导线遮蔽罩	视现场情况决定
10	横担遮蔽罩	视现场情况决定
11	绝缘毯	视现场情况决定
12	扳手和其他用具	视现场情况决定

3. 作业步骤

（1）开工前，预先装好分段断路器和两侧隔离开关。

（2）全体工作人员到达工作现场，列队宣读工作票，工作负责人讲解作业方案、布置工作任务、进行具体分工。

（3）工作负责人检查两侧导线。

（4）绝缘斗臂车进入工作现场，定位于最佳工作位置并装好接地线，选定工作斗的升降方向，注意避开附近高、低压线及障碍物。

（5）布置工作现场，在绝缘斗臂车和工具摆放位置四周围上安全护栏和作业标志。

（6）斗中电工及杆上电工检查绝缘防护用具，穿戴上绝缘靴、绝缘服（披肩）、绝缘安全帽和绝缘手套等全套绝缘防护用具；地面电工检查、摇测绝缘作业工具。

（7）斗中电工携带绝缘作业工具和遮蔽用具进入工作斗，工具和遮蔽用具应分类放在斗中和工具袋中，作业人员要系好安全带。

（8）在工作斗上升过程中，对可能触及范围内的高、低压带电部件需进行绝缘遮蔽。

（9）工作斗定位在合适的工作位置后，首先对离身体最近的边相导线安装导线遮蔽罩，套入的导线遮蔽罩的开口要向下方，并拉到靠近绝缘子的边缘处，用绝缘夹夹紧防止脱落。

（10）按照由近至远、从大到小、从低到高的原则，采用以上同样遮蔽方式，分别对三相导线、横担、绝缘子、杆顶支架及连接构件进行绝缘遮蔽。

（11）杆上电工登杆至工作位置，系好安全带。地面电工将绝缘操作平台用滑车吊至工作位置。

（12）斗内电工和杆上电工相互配合，将绝缘操作平台固定好。杆上电工由杆上转移至绝缘操作平台上，并系好安全带。

（13）地面电工将绝缘横担吊至工作位置，斗内电工和绝缘操作平台上电工相互配合，将绝缘横担固定，并对绝缘横担固定构件进行绝缘遮蔽。

（14）拆除边相导线绝缘子遮蔽罩，将边相导线绑线拆除，绝缘操作平台上电工小心地将边相导线移至绝缘横担上固定好，并对固定处用绝缘毯再次进行绝缘遮蔽。

（15）依照以上方法，分别将另两相导线移至绝缘横担上，并迅速恢复绝缘遮蔽。

（16）拆除原导线横担、绝缘子、杆顶支架上的遮蔽罩和绝缘毯，拆除原导线横担、绝缘子、杆顶支架传至地面。

（17）地面电工将中相耐张绝缘子串吊至杆顶，由工作斗内电工和绝缘操作平台上电工配合将中相耐张绝缘子串安装好，并用绝缘毯分别将两端耐张绝缘子遮蔽好。

（18）拆除中相导线上的遮蔽用具，松开绝缘横担上的中相导线固定夹，安装中相导线两侧的紧线器，并收紧中相导线，注意控制导线弧垂为规定水平。

（19）装好导线保险绳和旁路引流线，检查确定引流线连接牢固。

（20）用钳形电流表测量引流线内电流，确认通流正常。

（21）工作斗内电工和绝缘操作平台上电工互相配合，利用导线断线钳将中相导线钳断，并分别将中相导线与耐张绝缘子串连接牢固。拆断导线时，应先在钳断处两端分别用绝缘绳固定好，防止导线断头摆动。

（22）分别拆除中相导线紧线器和保险绳，并对中相导线进行绝缘遮蔽。

（23）地面电工配合操作平台上电工将边相耐张横担吊至合适位置，工作斗内电工和绝缘操作平台上电工互相配合，将边相耐张横担固定在绝缘横担下方的规定位置上。

（24）地面电工配合操作平台上电工将耐张绝缘子串至工作位置，工作斗内电工和绝缘操作平台上电工互相配合，分别将边相耐张绝缘子串安装好。

（25）对边相耐张横担和边相耐张绝缘子串进行绝缘遮蔽，将橡胶绝缘垫安放在耐张横担上。

（26）按照上述中相导线施工方法，分别对两边相导线进行拆断施工，注意每次钳断导线前，都要用钳形电流表测量引流线内电流，确认通流正常。并将导线分别与两边相耐张绝缘子连接好，拆去紧线器和保险绳，然后进行绝缘遮蔽。

（27）操作平台上电工转移至杆上，系好安全带，工作斗内电工和杆上电工相互配合，拆除绝缘横担和绝缘操作平台，并传回地面。

（28）杆上电工回到地面，地面另一电工登杆至分段断路器位置，系好安全带。

（29）工作斗内电工分别将分段断路器的引线接至三相导线上。杆上电工合上分段断路器。

（30）工作斗内电工拆除三相临时引流线，按由远到近、由上到下的顺序拆除所有遮蔽罩、绝缘毯。

（31）工作斗内电工返回地面，工作负责人全面检查、验收工作完成情况。

4. 安全注意事项

（1）工作斗中电工应穿绝缘鞋，戴绝缘手套、绝缘袖套、绝缘安全帽等安全防护用具。

（2）一相作业完成后，应迅速对其恢复和保持绝缘遮蔽，然后再对另一相开展作业。

（3）申请停用重合闸。

（4）绝缘手套外应套防刺穿手套。

（5）对不规则带电部件和接地构件可采用绝缘毯进行遮蔽，但要注意夹紧固定，两相邻绝缘毯间应有重叠部分。

（6）拆除绝缘遮蔽用具时，应保持身体与被遮蔽物有足够的安全距离。

（7）在钳断导线之前，应确定安装好紧线器和保险绳。

第十一章　带电作业班组管理

第一节　带电作业库房管理

11-1　为什么带电作业工器具必须分别存放在专用库房内？

答： 带电作业工器具，特别是绝缘工具好坏，直接关系到作业人员的人身安全和设备安全，因此，对带电作业工器具的保管，有着严格的要求。带电作业绝缘和金属工器具必须分别存放在专用库房内。

11-2　带电作业工器具专用库房存放哪些资料台账？

答： 带电作业工器具专用库房应建立工具管理制度，设专人管理，并按制度要求，建立《带电作业新项目（新工具）技术鉴定书》、《带电作业新工具出厂机械证明书》、《带电作业新工具出厂电气试验证明书》、《带电作业工具电气预防性试验卡》、《带电作业机械预防性试验卡》、《带电作业分项需用工具卡》、《带电作业工具清册》等资料。

11-3　对带电作业工器具专用库房的空间有何要求？

答: 库房面积可参考表 11-1 中的要求进行设计。

表 11-1　带电作业工器具专用库房面积

存放工具的电压等级 （kV）	库房面积 （m²）
10～66	20～60
66～220	50～150
220～500	60～200

如果是综合放置 10～500kV 带电作业工具的库房，则库房面积应根据工具数量及尺寸专门设计，还应注意分区存放，并有区分标识说明，如电压等级、工具名称、规格等。一般要求工具存放空间与活动空间的比例为 2:1 左右。库房的内

307

空高度宜大于 3.0m，若建筑高度难以满足时，一般应不低于 2.7m。

11-4　对带电作业工器具专用库房的一般要求是什么？

答：（1）处于一楼的库房，地面应做好防水处理及防潮处理。

（2）库房内应配备足够的消防器材。消防器材应分散安置在工具存放区附近。

（3）库房内应配备足够的照明灯具。照明灯具可采用嵌入式格栅灯等，以防止工具搬动时撞击损坏。

（4）库房的装修材料中，宜采用不起尘、阻燃、隔热、防潮、无毒的材料。地面应采用隔湿、防潮材料。工器具存放架一般应采用不锈钢等防锈蚀材料制作。

（5）库房的门窗应封闭良好。库房门可采用防火门，配备防火锁。观察窗距地面 1.0～1.2m 为宜，窗玻璃应采用双层玻璃，每层玻璃厚度一般不小于 8mm，以确保库房具有隔湿及防火功能。

（6）绝缘斗臂车库的存放体积一般应为车体的 1.5～2.0 倍。顶部应有 0.5～1.0m 的空间，车库门可采用具有保温、防火的专用车库门，车库门可实行电动遥控，也可实行手动。

11-5　带电作业工器具专用库房的技术条件有哪些？

答：（1）湿度要求：库房内空气相对湿度应不大于 60%。为了保证湿度测量的可靠性，要求在库房的每个房间内安装两个湿度传感器。

（2）温度要求：带电作业工具及防护用具应根据工具类型分区存放，各存放区可有不同的温度要求。硬质绝缘工具、软质绝缘工具、检测工具、屏蔽用具的存放区，温度宜控制在 5～40℃ 之间；配电带电作业用绝缘遮蔽用具、绝缘防护用具的存放区的温度，宜控制在 10～20℃ 之间；金属工具的存放不做温度要求。

另外，考虑到北方地区冬天室内外温差大，工具入库时易出现凝露问题，该地区的库房温度应根据环境温度的变化在一定范围内调控。若库房整体温度难以调整，工具在入库前也可先在可调温度的预备间暂存，在不会出现凝露时再入库存放。

为保证温度测量的可靠性，要求在库房的每个房间内安装两个温度传感器；为比较室内外温差，整套库房控制系统在室外安装一个温度传感器。

11-6　带电作业工器具专用库房应配备哪些设施？

答： 1. 除湿设施

库房内应装设除湿设备。除湿量按库房空间体积的大小来选择，一般按（0.05～0.2）L/（d·m³）选配；对于北方地区，可按（0.05～0.15）L/（d·m³）选配；对于南方地区，可按（0.13～0.2）L/（d·m³）选配。在上述地区中，对湿度相对较高的区域，除湿机应按上限选配。

2. 烘干加热设施

库房内应装设烘干加热设备。建议采用热风循环加热设备；在能保证加热均匀的情况下也可以考虑采用其他加热设备。加热功率按库房空间体积的大小来选择，可根据当地的温度环境按

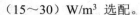

（15～30）W/m³ 选配。

加热设备在库房内应均匀分散安装，加热设备或热风口距工器具表面距离应不少于 30～50cm，热风式烘干加热设备安装高度以距地面1.5m 左右为宜，低温无光加热器可安置于与地面平齐高度。车库的加热器安装在顶部或斗臂部位高度。加热设备内部风机应有延时停止装置。

3. 通风设施

库房内可装设排风设备。排风量可按每平方米（1～2）m³/h 选配排风机。吸顶式排风机应安装在吊顶上，轴流式排风机宜安装在库房内净高度 2/3～4/5 的墙面上。出风口应设置百叶窗或铁丝窗，进风口应设置过滤网，预防鸟、蛇、鼠等小动物进入库房内。

4. 报警设施

应设有温度超限保护装置、烟雾报警、室外报警器等报警设施。当库房温度超过 50℃时温度超限保护装置应该能自动切断加热电源并启动室外报警器；要求温度超限保护装置在控制系统失灵时也应能正常启动，当库房内产生烟雾时，烟雾报警器和室外报警器应能自动报警。

11-7 带电作业工器具专用库房应具备哪些测控功能及装置?

答:(1)为了保证工具库房的温度、湿度环境能满足使用要求,应专设温湿度测控系统。温湿度测控系统应具备湿度测控、温度测控、库房温湿度设定、超限报警及库房温湿度自动记录、显示、查询、报表打印等功能。

(2)监测要求由传感器、测量装置、控制屏柜及其附件等组成的监测系统应对库房的温湿度实施实时监测并加以记录保存。

(3)工具库房的湿度、温度调控系统,应可根据监测的参数自动启动加热、除湿及通风装置,实现对库房湿度、温度的调节和控制。当调控失效并超过规定值时,应能报警及显示;当库房温度超限时,温度超限保护装置应能自动切断加热电源。

为了有效保证测控系统的安全有效运行,控制系统需设置自动复位装置,以保证测控系统在受到外界干扰而失灵时能立即自动复位进而恢复正常运行。

为了保证在测控系统完全失效或检修时除湿

装置及加热装置等仍能投入工作，应在控制屏柜上设立手动/自动切换开关及相应的手动开关。

（4）库房内的设备、装置、元器件的技术性能和指标均应满足相关设备和元件标准的要求，以保证测控系统稳定、可靠、安全运行。

（5）测控系统应能存储库房一年时间的温湿度数据，具备全天任意时段的库房温湿度数据的报表显示、曲线显示、报表打印等功能，实时监测和记录库房的工作状态。

11-8　对带电作业工器具专用库房的主要测控元件的技术性能有何要求？

答：（1）温度测控指标：范围为–10℃～80℃，精度为±2℃。

（2）湿度测控指标：范围为30%～95%RH，精度为±5%。

（3）温度传感器指标：量程为–50℃～120℃，在–10℃～85℃范围内精度为±0.5℃。

（4）湿度传感器指标：量程为0～100%RH，在10%～95%RH范围内精度为±3%。

11-9　带电作业工器具专用库房应配备哪些存放设施？要求是什么？

答： 带电作业工器具应按电压等级及工具类别分区存放，主要分类为：金属工器具、硬质绝缘工具、软质绝缘工具、屏蔽保护用具、绝缘遮蔽用具、绝缘防护用具、检测工具等。

（1）金属工器具的存放设施应考虑承重要求，并便于存取，可采用多层式存放架。

（2）硬质绝缘工具中的硬梯、平梯、挂梯、升降梯、托瓶架等可采用水平式存放架存放，每层间隔 30cm 以上，最低层对地面高度不小于50cm，同时应考虑承重要求，应便于存取。绝缘操作杆、吊拉支杆等的存放设施可采用垂直吊挂的排列架，每个杆件相距 10～15cm，每排相距30～50cm。在杆件较长、不便于垂直吊挂时，可采用水平式存放架存放。大吨位绝缘吊拉杆可采用水平式存放架存放。

（3）绝缘绳索、软梯等软质绝缘工具的存放设施可采用垂直吊挂的构架。绝缘绳索挂钩的间距为 20～25cm，绳索下端距地面不小于 30cm。

（4）对滑车和滑车组可采用垂直吊挂构架存

放。根据滑车的大小、质量、类别分组整齐吊挂。

（5）验电器、相位检测仪、分布电压测试仪、绝缘子检测仪、干湿温度仪、风速仪、绝缘电阻表等检测用具应分件摆放，防止碰撞，可采用多层水平不锈钢构架存放。

（6）绝缘遮蔽用具，如导线遮蔽罩、绝缘子遮蔽罩、横担遮蔽罩、电杆遮蔽罩等应分件包装，储存在有足够强度袋内或箱内，再置放在多层式水平构架上。禁止储存在蒸汽管、散热管和其他人造热源附近，禁止储存在阳光直射的环境下。

（7）绝缘防护用具，如绝缘服、绝缘袖套、绝缘披肩、绝缘手套、绝缘靴等应分件包装，要注意防止阳光直射或存放在人造热源附近，尤其要避免直接碰触尖锐物体，造成刺破或划伤。

（8）屏蔽用具，如屏蔽服、导电手套、导电袜、导电鞋、屏蔽面罩等应分件包装，成套储存在有足够强度的包装袋或箱内，再置放在多层式水平构架上。

第二节 人员、项目和资料管理

11-10 班组管理的基本任务是什么？

答：（1）以生产为中心，以经济责任制为重点；

（2）在完成施工任务中，努力提高工程质量，厉行节约、缩短工期；

（3）降低成本，以求优质高效、低耗，取得最大的技术经济成果；

（4）全面完成下达的施工任务和各项技术经济指标；

（5）班组还担负着培养和造就人才的任务。

11-11 对带电作业人员的体质和素质有哪些要求？

答：带电作业人员的体质标准是：身体健康、精神正常，无妨碍工作的疾病，体格检查合格者。

带电作业人员应具备以下基本素质：① 政治素质。包括热爱本职工作，服从领导，能接受新事物和先进经验，能开展批评与自我批评，组织纪律性强，谦虚谨慎等。② 文化素质。包括具备一定文化水平（如初中毕业以上），掌握一定基础知识，能学懂和理解规程制度的要求。③ 技术素质。包括掌握高空作业一般技能，经过专门训练的合格者，具备一定的技术革新能力等。④ 个性素质。包括不主观急躁，不草率从事，不精神过敏，善于观察分析问题，对事物反应敏锐等。

11-12 带电作业工作人员如何选拔？

答：带电作业工作人员应由从事相应的停电检修的专业班组优秀人员中选择组成，由于带电作业班是完成生产和开发双重任务的班组，因此其人选应具备一定的电气理论知识，操作基本功扎实，组织纪律性较强。

11-13 带电作业队伍为什么要保持相对稳定？

答：丰富的经验和熟练的操作技巧是靠长期日积月累得来的，带电作业人员频繁调动不利于集中精力钻研业务，易于发生因精神不集中所导致的误操作，这在带电作业中是最危险的，一旦发生，后果不堪设想，所以，水利电力部颁布的《带电作业技术管理制度》中明确规定，带电作业人员的变动，应经单位总工程师的批准。

11-14　对不同的带电作业人员考核侧重点有何不同？

答：对工作负责人（包括专责监护人）应着重考核工作票的填写、会签、联系、人员分工和监护工作，同时还应考核对每个项目的操作程序、工具规格、数量及使用方法的了解程度。

对工作票签发人，应着重考核对规程的熟悉程度，对工作票的填写、会签、联系，对工作班成员的技术水平了解程度，同时也应考核对经批准允许作业项目的熟悉程度和对带电作业必要性、可行性的判断能力。

对工作班成员应着重考核对允许参加带电作业项目的操作程序，工器具性能及使用方法的了解程度，对各种安全距离的熟悉程度、各典型操作的熟悉及准确程度以及对命令的执行是否认真到位。

11-15　配电线路带电作业班组应保存并熟悉的带电作业技术与工器具国家标准有哪些？

答：（1）电工术语带电作业（GB/T 2900.55—2002）。

（2）带电作业工具设备术语（GB/T 14286—2008）。

（3）带电作业工具基本技术要求与设计导则（GB/T 18037—2008）。

（4）交流高压静电防护服装及试验方法（GB/T l8136—2008）。

（5）交流 1kV、直流 1.5kV 及以下电压等级带电作业用绝缘手工工具（GB/T 18269—2008）。

（6）带电作业用绝缘手套（GB/T 17622—2008）。

（7）带电作业用绝缘硬梯（GB/T 17620—2008）。

（8）带电作业用提线工具通用技术条件（GB/T l5632—2008）。

（9）带电作业用空心绝缘管、泡沫填充绝缘管和实心绝缘棒（GB/T 13398—2008）。

（10）带电作业用绝缘绳索（GB/T l3035—

2008)。

（11）带电作业用绝缘滑车（GB/T 13034—2008)。

（12）带电作业用遮蔽罩（GB/T l2168—2006)。

（13）带电作业用铝合金紧线卡线器（GB/T l2167—2006)。

11-16　配电线路带电作业班组应保存并熟悉的带电作业技术与工器具行业标准有哪些？

答：（1）电业安全工作规程（电力线路部分）（DL 409—1991)。

（2）带电作业用绝缘毯（DL/T 803—2002)。

（3）带电作业用绝缘袖套（DL 778—2001)。

（4）带电作业用绝缘绳索类工具（DL 779—2001)。

（5）带电作业绝缘鞋（靴）通用技术条件（DL/T 676—1999)。

11-17　对带电作业常规项目如何管理？

答：所谓常规项目是指平时经常做的，工艺成熟、操作清晰、已经普及或比较普及的项目，它是由基层生产单位根据人员条件和工作需要决定的。它在每个作业人员的带电作业合格证的相关栏目内注明。具体落实每个成员允许作业的常规项目，要根据项目的操作难度和人员的技术水平决定，比较复杂的带电作业项目，只能由少数经验丰富的成员担任。基层单位要求对作业人员增加常规的项目，必须经过相关的考核，并经总工程师批准后，方可填写在"带电作业合格证"相应栏目内。

11-18 配电线路带电作业班组应保存的技术资料台账有哪些？

答：（1）带电作业统计表；

（2）带电作业事故处理表；

（3）高架绝缘车驾驶员出车记录；

（4）带电作业作业指导书。

11-19 配电线路带电作业班组应保存的安全资料台账有哪些？

答：（1）安全活动及安全管理簿册；

（2）带电作业工具及仪表登记表；

（3）带电作业工作票统计表；

（4）库房防潮值班记录。

11-20　带电作业作业指导书一般有哪几部分？

答：（1）作业项目；

（2）适用范围；

（3）作业方法；

（4）人员组织；

（5）工作准备；

（6）安全措施及注意事项；

（7）操作步骤；

（8）工器具配置。

11-21　对电力生产作业人员的教育和培训有什么要求？

答：（1）各类作业人员应接受相应的安全生产教育和岗位技能培训，经考试合格上岗；

（2）作业人员对电力安全工作规程应每年考试一次，因故间断电气工作连续 3 个月以上者，应重新学习电力安全工作规程，并经考试合格后方能恢复工作；

（3）新参加电气工作的人员、实习人员和临时参加劳动的人员（管理人员、临时工等）应经过安全知识教育后，方可下现场参加指定的工作，并且不得单独工作；

（4）外单位承担或外来人员参与公司系统电气工作的工作人员应熟悉《电业安全工作规程（电力线路部分）》（DL 409—1991）并经考试合格，方可参加工作，工作前，设备运行管理单位应告知现场电气设备接线情况、危险点和安全注意事项。

11-22 设备缺陷分为哪几类？如何管理？

答：（1）一般缺陷，指对近期安全运行影响不大的缺陷，可列入年、季检修计划或日常维护工作中去消除。

（2）重大缺陷，指缺陷比较严重，但设备仍可短期继续安全运行，该缺陷应在短期内消除，消除前应加强监视。

（3）紧急缺陷，指严重程度已使设备不能继续安全运行，随时可能导致发生事故或危及人身安全的缺陷，必须尽快消除；采取必要的安全技术措施进行临时处理。

11-23 安全性评价工作应如何实行闭环动态管理？

答：（1）安全性评价工作应实行闭环动态管理，企业应结合安全生产实际和安全性评价内容，以2~3年为一周期，按照"评价、分析、评估、整改"的过程循环推进；

（2）按照评价标准开展自评价或专家评价；

（3）对评价过程中发现的问题进行原因分析，根据危害程度对存在问题进行评估和分类，按照评估结论对存在问题制订并落实整改措施；

（4）在此基础上进行新一轮的循环。

11-24 安全性评价工作企业自我查评的程序有哪些？

答：（1）成立查评组，制订查评计划；

（2）宣传培训干部职工，明确评价的目的、必要性、指导思想和具体开展方法；

（3）层层分解评价项目，落实责任制；

（4）车间、工区和班组自查，发现问题汇总后上报；

（5）分专业开展查评活动，提出专业查评小结；

（6）整理查评结果，提出自查报告，明确分项结果及主要整改建议。

参 考 文 献

[1] 胡毅. 配电线路带电作业技术. 北京：中国电力出版社，2002.

[2] 国家电力公司华东公司. 配电线路技术问答. 北京：中国电力出版社，2004.

[3] 方年安. 带电作业技术300问. 北京：中国电力出版社，2006.

[4] 国家电力公司华东公司. 高压带电检修技术问答. 北京：中国电力出版社，2004.